药香制作技艺

北京非物质文化遗产丛书

时雅莉 著

北京出版集团公司
北京美术摄影出版社

图书在版编目（CIP）数据

药香制作技艺 / 时雅莉著. — 北京：北京美术摄影出版社，2015.7
（北京非物质文化遗产丛书）
ISBN 978-7-80501-826-3

Ⅰ.①药⋯ Ⅱ.①时⋯ Ⅲ.①香料—生产工艺—北京市 Ⅳ.①TQ65

中国版本图书馆CIP数据核字(2015)第114587号

项目策划：李清霞
项目执行：董维东　钱　颖
责任编辑：董维东
执行编辑：张立红
装帧设计：胡白珂
责任印制：彭军芳

北京非物质文化遗产丛书
药香制作技艺
YAOXIANG ZHIZUO JIYI

时雅莉　著

出　版	北京出版集团公司
	北京美术摄影出版社
地　址	北京北三环中路6号
邮　编	100120
网　址	www.bph.com.cn
总发行	北京出版集团公司
发　行	京版北美（北京）文化艺术传媒有限公司
经　销	新华书店
印　刷	北京方嘉彩色印刷有限责任公司
版　次	2015年7月第1版　2017年4月第2次印刷
开　本	170毫米×230毫米　1/16
印　张	11.25
字　数	162千字
书　号	ISBN 978-7-80501-826-3
定　价	66.00元

质量监督电话　010-58572393

编委会

主　任　何　昕　李清霞

副主任　千　容　苑　利

委　员（以姓氏笔画为序）

王　旭　王　辉　王娅蕊　任　刃　孙晓华

杨金凤　李　琼　李秀人　李俊玲　李琳琳

时雅莉　张　彦　钱　颖　徐建光　崔　晓

董维东

药香制作技艺

前言

中国香文化有着悠久的历史，香自出现伊始就一直伴随着中国医药文化的发展。早在上古时期，古人就把香作为一种重要的治疗、保健手段，相传黄帝的妻子嫘祖就曾经焚烧香草为父亲治病。

1973年，湖南长沙马王堆三号汉墓出土了西汉时期的《五十二病方》，其中就记载了大量使用香药的药香方，同时还出土了由多种香草和香材制作的木枕。唐代孙思邈的《备急千金要方》更是集中记述了药香的作用及用药特点。宋代，上至皇亲国戚，下到平民百姓，普遍用香；药香也更多地用于改善各种疾病、保健养生以及调整心情。明清时期，药香的使用更是作为中医外治法的一个重要门类，出现焚爇类、佩戴类、锭剂、散剂、丹药等多种形式，通过吹、塞、涂、灌、探、嗅、熏、闻等方式作用于人体，以治疗疾病；又因为药香治疗某些疾病见效快，又安全，宫廷中药香的使用也非常普遍。

在过去的一段历史时期中，香曾经被简单地划归为宗教用品，甚至被当作一种"迷信"行为而被社会边缘化。后来，随着人们生活水平的提高、社会财富的增加，沉香等名贵香材的价格日益飙升，这又导致很多人把名贵香品当作彰显身份的道具，仅片面追求香品原材料的昂贵，而忽视了香对于人的真正作用。香承载的文化意义和历史内涵被忽视，药香的药用价值以及保养身心的作用得不到有效开发，全社会缺乏一种健康、正确的用香方式，这就让当前的香品面临一个非常尴尬的局面。

2009年，"传统药香制作技艺"入选北京市级非物质文化遗产名录；2014年，"药香制作技艺"入选国家级非物质文化遗产代表性项目名录。这无疑为香文化，特别是药香的复兴提供了重大转机。笔者家族传承的药香手工制作技艺，源自清代的宫廷制香，在学习近万种宫廷香方的基础上，将切身体会融入其中，逐渐得出了古代制香技术的精髓，恢复、研发了佩戴、美容、饮食、起居等各个领域共上百种药香。随着人们生活水平的提升，对健康的认识和标准也日益深入和提高，药香也必然会迎来更好的发展契机和广阔的施展空间。

本书从药香的历史以及文化背景讲起，详细介绍了药香制作的各个环节，其中不乏药香的制香秘诀。此外，还记录了药香的家族传承和制香故事，以及本项目的市级代表性传承人对药香在当今社会意义的思考。药香是一门精深的学问，药香制作技艺的传承更需要千锤百炼、反复摸索，一本书难以囊括关于药香的全部知识。不过，我们仍然希望，此书能够让广大读者对药香有一个基本的认识，能够借此打开中国香文化之门，体会药香的魅力。

目录

前言

第一章　中国香文化及其发展简史　　1

第一节　古代香的用途　　　　　　3

第二节　香文化简史　　　　　　　11

第二章　药香制作技艺　　29

第一节　药香的原料——香药　　　30

第二节　药香的配伍——合香与香方　35

第三节　药香的制作流程　　　　　40

第三章　药香的种类及使用方法　　71

第一节　焚爇类药香　　　　　　　72

第二节　鼻息法门及外用药香　　　75

第三节	香制丹药	78
第四节	佩戴类药香	81
第五节	居室用药香	87
第六节	饮食类药香	89
第七节	美容类香	97
第八节	锭子药	104

第四章 药香精品　　111

第一节	药香精品总介	112
第二节	焚爇类香品	120
第三节	佩戴类香品	124
第四节	美容类香品	126

第五章 药香的传承与发展　　131

第一节	药香的传承	132
第二节	药香的发展	147

参考书目　　160

后记　　164

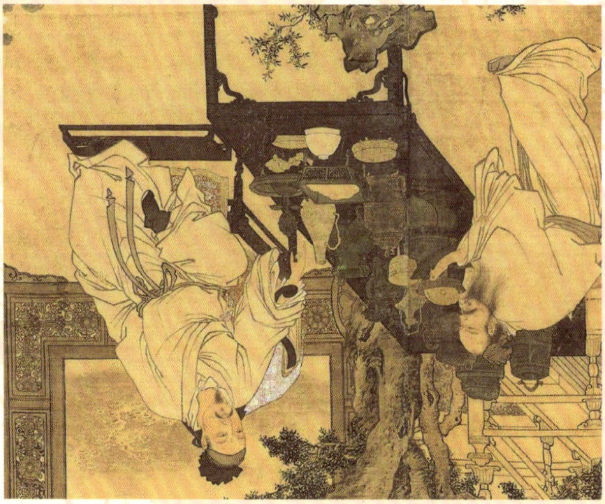

第一章

中国香文化及其发展简史

第一节　古代香的用途

第二节　香文化简史

北京非物质文化遗产丛书

药香制作技艺

▲ 垂烟香

香，集天地之灵气、草木之精华。一炷香、两瓯茶，读书、弹琴、作画、对弈，古人用这种清香雅致的生活方式陶冶情操，以近乎禅意的生活态度调理心性。香之于古人，不仅是熏染环境的奢侈品、祈神祭天的灵符，更是可以直达本性、祛邪扶正的养生佳品。

香在古代的用途主要有以下四个方面：祭祀以及宗教用香，医药养生用香，文人供香，日常生活用香。

▲ 药香氤氲

2

第一节　古代香的用途

一、祭祀以及宗教用香

通过焚香制造的烟雾、气味产生的氛围，可以对人的心理、性情产生强烈的刺激，所以古往今来的诸多宗教，都极为重视香在宗教仪式中的特殊地位。

远在上古时代，人们就有燃烧木柴以祭祀天地诸神的习俗，认为香烟可通达神明。焚香祭祀的记载最早见于《尚书·舜典》：舜"岁二月，东巡守，至于岱宗，柴。望秩于山川"。[1]又见《尚书·武成》："越三日庚戌，柴。望，大告武成。"[2]这都是古代祭祀用香的源流。后来，这种做法在民间逐步演变为烧香以示敬重的风俗。

东汉末年到魏晋时期，佛教日渐兴盛，道教也不断完善。佛教和道教的仪式中也普遍用香，且对于香的宗教功能有它们自己的解释。这不仅推动了用香风气的发展，也使香品的种类更加丰富，促进了南亚、西亚等地香药的传入，对香文化的发展贡献很大。因佛、道二教都注重香的使用，因此随着宗教理念的深入和信徒的普及，香品的使用也更深入人心。

香在佛教中的地位很高，佛教经书对香有丰富的记载，诸佛圣众也有大量关于香的论述。佛教认为香能与智慧相通，所以把香看作修道的助缘，借香来讲述心法与佛理。上香更是佛事中必备的内容，从日常诵经打坐到盛大的浴佛法会、水陆法会、开光、传戒和放生等，各种佛事活动都要用香，大型活动更要以上香为序幕，上香前后都伴有郑重的仪式。佛陀在世时，弟子们就以香为供养，佛陀本人及其他圣众都认为香是最重要的供养。香对人的身心有很大益处，好香如正气，亲之近之则大为受益。居士、僧人在打坐、诵经等日常功课中用香，寺院内外也处处熏香，这些都可以营造出良好的修炼环境。佛医学中对沉香、檀香、安息香等香料进行配方后大量使用，用于消毒除菌、防治瘟疫、治疗各种皮肤病等，对我国中医学的发展也颇有贡献。

　　道教也很强调香的使用，道教经典对用香有着明确的阐述，认为香可辅助修道，有通感、达言、开窍、辟邪和治病等多种功用。东晋葛洪的《抱朴子》是道家的著名典籍，书中有许多关于香的论述："人鼻无不乐香，故流黄、郁金、芝兰、苏合、玄膳、索胶、江

▲ 香透窗棂

蒚、揭车、春蕙和秋兰，价同琼瑶。"[3]炼制"药金""药银"时须焚香，"常烧五香，香不绝"。道教中的香期、庙会深入民间，历久不衰，也是促进香文化在民间千年传承的原因之一。道教在发展过程中形成了不少在本教内部以及民间有重大影响的宫观、名山。这些名山、宫观中所供养的神，能够吸引附近乃至千里以外的信众、香客前来进香，尤其是神仙的生日等重大节日，以宫观为中心，以敬奉该宫观的神仙、祖师等为主要内容，形成规模宏大的祭祀、庆祝活动。道教的宫观庙宇几乎遍布神州大地，各地都有自己的庙会，有的地方甚至十分频繁。从民俗学的角度来看，庙会（香会、赛会和过会）集雅俗于一体，是各地城乡民众信仰、文化和物资交流的绝佳机会。香文化也伴随着人们的宗教信仰和庙会的长盛不衰，更加深入地根植于民众的心灵深处。

二、医药养生用香

香作为药用的起源极早。相传，黄帝的妻子嫘祖就是最早使用药香祛病的人。有一次，嫘祖的父亲生病了但拒绝吃药，于是孝顺的嫘祖就将药物引燃，置于房中。她的父亲闻到这种药物的香气后，病情竟然有了明显的好转。

香药的药性在《本草纲目》《神农本草经》等中医经典中都有明确的界定。它们的共同点是具有"祛邪扶正、痛经开窍和疗疾养生"的作用。如《神农本草经疏》中说："凡邪恶气之中，人必从口鼻入。口鼻为阳明之窍，阳明虚，则恶气易入。得芬芳清阳之气，则恶气除而脾胃安矣。"[4]人们根据这些香药的综合药性，按君、臣、佐、辅（使）组成各种方剂，制成各种剂型、各种外形的香品，达到芳香避秽、调养正气、净化空气和美化环境的效果。

古代有很多以香料合药的记载。比较知名的有流行于北宋的苏合香丸。据沈括的《梦溪笔谈》卷九记载，苏合香丸"……本出禁

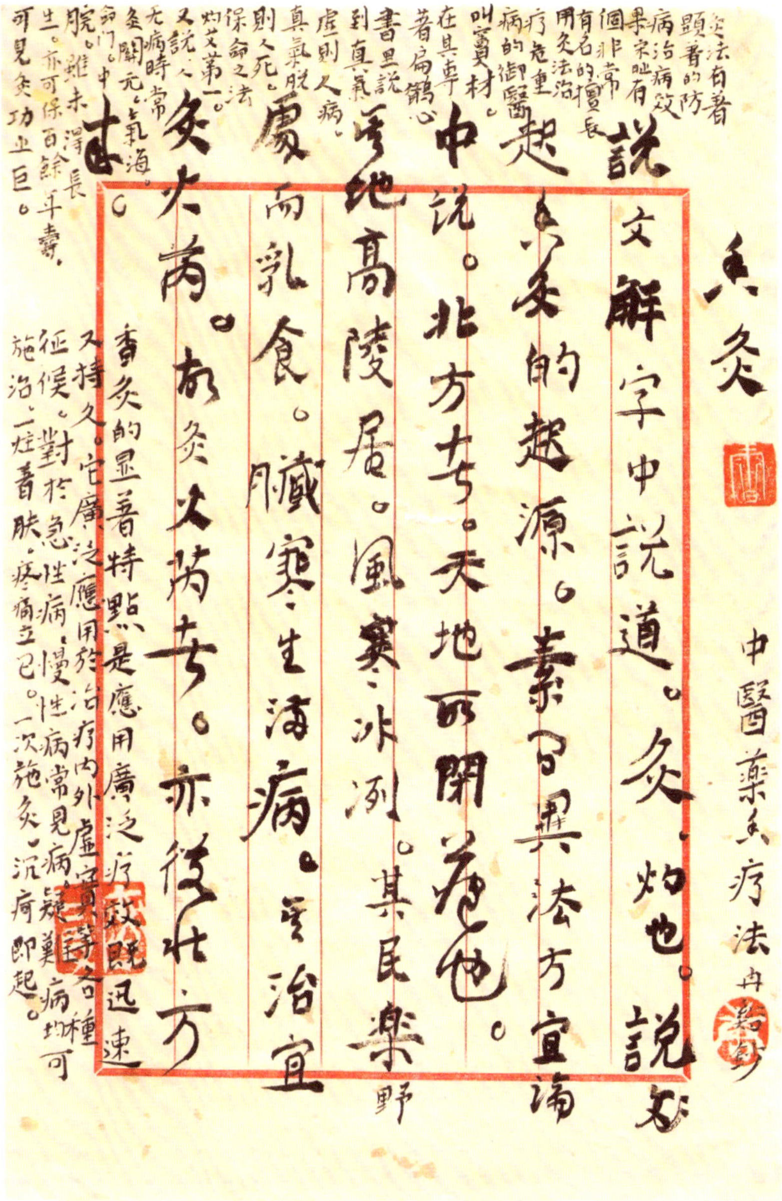

北京非物质文化遗产丛书

药香制作技艺

灸法有著顯著的預防病治病效果，非常擅長用灸法治病的御醫，有名的擅長用灸法治病的御醫，叫寳材。在其卑著者扁鵲心書裏說，到真氣……書裏說……

香灸

中醫藥灸療法丰富多彩

灸的趣源。素問異法方宜論中說。北方者。天地所閉藏也。其地高陵居。風寒冰冽。其民樂野處而乳食。臟寒生滿病。其治宜灸火焫。故灸火焫。亦從北方來。

說文解字中說道。灸，灼也。說文中說……

又說、元氣海。則入死。真氣脫、虛則人病。灸則保命之法。灼艾第一。又說、元氣常、灸閣時常。灸法可生。亦可保百餘平壽。可見灸功並巨。

香灸的顯著特點是應用廣泛之療效既迅速又持久。它廣泛應用於治療內外虛症。對於急性病、慢性病、疑難病均可施治。對於急性病、疑難病立可見效。施治一壯香肤、疼痛立已。一次施灸，沉疴即起。

▲ 古代方书中记载的香灸方

中，祥符中尝赐近臣"。[5]此典故说的是宋真宗见太尉王旦体弱多病，于是赐予王旦一壶酒，并令其空腹饮下。王旦喝后，竟然大觉安健。真宗解释说，此为苏合香酒，"极能调五脏，却腹中诸疾。每冒寒夙兴，则饮一杯"。言毕命人拿出几盒苏合香丸赏赐予近臣。自此大臣百姓家都效仿制作，苏合香丸因此盛行一时。

佛教传入中国后，佛教医学中关于香药的知识使中药材的种类得到了扩展，增加了沉香、薰陆香（乳香）、鸡舌香、藿香和苏合香等新药材，而且在《本草纲目》等经典医书中增加了芳香开窍类药材。

佛家香药的配方种类十分丰富，用途也极其广泛。人们不仅熏烧香药以除污去秽，预防瘟疫，还有专门的药方对治特殊的病症。使用香药的方法很多，有的是直接熏烧，有的要口服，有的做成香水、香膏涂在身上，有的则是浸泡洗浴时用。

如《大唐西域记》记载："身涂诸香，所谓旃檀、郁金也。"[6]印度气候湿热，易生体垢、体味，所以佛家弟子很早就用檀香、郁金制成涂香抹于身上，既能净身去味，又能消炎杀菌，防治皮肤病。

再如经书所记载："取药劫布罗（龙脑香）和拙具罗（安息香）香，各等分，以井花水一升和煎取一升"，可治疗蛊毒；"取胡麻油，煎青木香，摩拭身上"，可治疗"偏风，耳鼻不通，手脚不随"；以"菖蒲、牛黄、麝香、雄黄、枸杞根、桂皮、香附子、豆蔻、藿香"等作"香浴"，可以避秽化浊，开窍通经。

三、文人供香

焚香、佩香，自古被文人视为雅事，并且把对于香的喜爱升华到了"道"的高度。香文化始终作为中国古典精英文化的代表，与文人骚客形同莫逆。一方面，香调养了文人雅士的心性，构建了自然与人性的和谐，对中国人文精神和哲学思想的形成及发展起到了重要的促进作用；另一方面，文人也推动了熏香的风气，他们积极参与香的制作与改良，并且把香作为一种精神的象征融入到大量的文学作品之中。可以说，文人与香有着不解之缘，中国文化与香之间也有着千丝万缕的联系。

古代文人的生活离不开香的浸润，行动坐卧无不伴随着香的存在。正如明代文学家屠隆在《考槃余事》中所说："香之为用，其利最溥。物外高隐，坐语道德，焚之可以清心悦神。四更残月，兴味萧骚，焚之可以畅怀舒啸。晴窗搨帖，挥尘闲吟，篝灯夜读，焚以远辟睡魔，谓古伴月可也。红袖在侧，秘语谈私，执手拥炉，焚以薰心热意。谓古助情可也。坐雨闭窗，午睡初足，就案学书，啜茗味淡，一炉初热，香霭馥馥撩人。更宜醉筵醒客，皓月清宵，冰弦戛指，长啸空楼，苍山极目，未残炉热，香雾隐隐绕帘。又可祛邪避秽，随其所适，无施不可。"[7]

早在春秋时期，尽管沉香、檀香等木本香料尚未大量传入北方，但文人对于兰蕙椒桂等香草、香木的推崇已经十分普遍，有很多文本记载了文人对香的颂扬。如屈原在《离骚》中所言："扈江离与辟芷兮，纫秋兰以为佩""朝饮木兰之坠露兮，夕餐秋菊之落英""户服艾以盈要兮，谓幽兰其不可佩""何昔日之芳草兮，今直为此萧艾也""椒专佞以慢慆兮，樧又欲充夫佩帏"。[8]据东汉蔡邕在《琴操》中所述，相传孔子在从卫国返回鲁国的途中，于幽谷之中见香兰独茂，不禁喟叹："兰，当为王者香，今乃独茂，与众草为伍！"[9]遂停车抚琴，成《漪兰》之曲。

魏晋时期流行熏衣，文人把用香视为风习，把爱香当作美名，唐宋以后风潮更胜。可以说，自唐宋以来，香文化贯穿于吟诗、诵经、书画、琴棋、敬神和待客等诸多方面。读书以香为友，独处以香为伴，穿衣以香为熏，被褥以香为暖；公堂之上以香烘托其庄严；松阁之下则以香示其儒雅；调弦抚琴，清香一炷可佐其心而导其韵；品茗论道、书画会友无不以香为聚。

文人不仅用香，更爱制香。许多文人都是制香高手，如王维、李商隐、徐铉、黄庭坚、苏轼和陆游等。特别是在宋代，由于文士阶层不断壮大，闻香、合香成为当时的文人风尚。苏轼曾作有《子由生日，以檀香观音像及新合印香银篆盘为》，说的就是其搜集梅花上的雪，制成"雪中春信"印香，流传于后世。屠隆就苏轼合香和品香的境界曾有言道："和香者，和其性也；品香，品自性也。自性立则命安，性命和则慧生，智慧生则九衢尘里任逍遥。"可见文人合香，更是对心性的一种培养和看护。

正是文人对于香的热爱，带动了全社会的用香风气。

四、日常生活用香

香与古人的生活息息相关，甚至古时的王公贵戚、文人墨客行动坐卧处处都有香的身影，比如衣物要熏香，身上要佩香，与长辈和君主、上司说话要含香，车马上要悬挂香，床帐上也要挂香，还有用香制枕头，美容装饰也要用香，日常要喝用香药制作的饮料，茶、酒、烟中也要加入香药，计时也会用到香篆。燃香可以改善空气气味，调节心情，预防疾病，有的香还有助情的作用，所以无论卧室还是厅堂都会用到不同的香。可以说，香已经是古人的生活必需品。

由于香药贵重，在唐朝以前，中原所得香品大多由各处供奉，虽有香品交易，但价格昂贵，普通百姓难以企及，所以香主要作为贵族、士大夫日常整肃仪表、象征身份的用品。汉代流行以香熏衣，并成为一种礼节规范。《汉官仪》载："尚书郎入直台中，官供新青缣白绫被，或锦被，昼夜更宿，帷帐画，通中枕，卧旃蓐，冬夏随时改易。太官供食，五日一美食，下天子一等。尚书郎伯使一人，女侍史二人，皆选端正者。伯使从至止车门还，女侍史絜被服，执香炉烧熏，从入台中，给使护衣服也。"[10]魏晋南北朝时期，士族生活奢靡，崇尚用香，无论男女，都有以香傅粉的习惯。到了唐代，商路通达，大量香药流入中原，特别是到了宋代，香品贸易达到了顶峰，日用香品也为广大百姓所喜爱，甚至出现了"巷陌皆香"的情况。也就是从宋代以后，香才真正成为普通百姓的日用品。

▲ 民国时期香店用于制作贸易仿单的印版

第二节　香文化简史

香文化在中国漫长的文化历史发展进程中，围绕不同香气对人体的作用、人们对香的不同需求，以及由此产生的各种香的制作工艺、器具、配料与使用规范乃至对从事者的服饰礼仪等诸多方面的制度规范等，都形成了具有中华民族深刻烙印的精神气质、民族传统、美学观念、价值观念、思维模式和世界观等一系列物品、技法、民俗习惯、制度与观念。在历史长河中，逐步形成了一种特殊的文化形式——香文化。

香文化历史悠久。据史料考证，在距今6000多年前的新石器时代晚期，古人就以燃烧木柴、祭品的方式来祭祀天地诸神。近几十年考古发现的各类文物（如陶熏炉）表明，古人早就已经使用香品了。

人类好香为天性使然，从现存的史料来看，中国香文化的发展大致可以分为——肇始于先秦、成长于汉、完备于唐、鼎盛于宋。中华民族历经数千年风雨，香文化伴随民族的发展，留给后人的是一笔不可多得的宝贵财富。

一、先秦时期

香最早用于上古时期的祭祀活动。从新石器时代晚期到商周时期，巫史文化盛行，整个社会处于神权的统领之下。巫史通过祭祀活动与天神沟通，进而作为神的代表成为全社会的精神领袖。而燃烧植物产生的香烟，可以产生迷幻的效果，制造神秘的气氛，所以在祭祀中，普遍使用了"燎祭"的方式。正如甲骨文中的"柴"字，就成为手持木祭祀的形象。在距今四千年到六千年的仰韶文化、红山文化、良渚文化及龙山文化等遗存中，均可以找到古人燎祭的痕迹，并发掘出多件辅助植物燃烧的熏炉。

除用于祭祀外，香也出现在古人的生活领域。商代有一种用黑黍和郁金制作的"鬯"酒，一般用于祭祀，如《诗经·大雅·江汉》中有"厘尔圭瓒，秬鬯一卣"[11]一说。郁金是一种古老的香药，据说在酒中加入郁金，不仅可以让酒呈黄色，还可以产生特殊的芬芳气味。《礼记·郊特牲》记载："周人尚臭，灌用鬯臭，郁合鬯，臭阴达与渊泉。灌以圭璋，用玉气也。既灌，然后迎牲，致阴气也。"[12]说的就是周人以鬯酿酒，灌在玉壶中祭祀，认为这样可以让酒气直达阴间。除祭祀外，鬯酒也作为贵族宴会上的佳品。如《礼记·礼器》所载："诸侯相朝，灌用郁鬯，无笾豆之荐。"[13]

此外，古人认为香草具有避秽除恶、洁净香身的作用，所以也常将香类植物用于佩戴、沐浴以及医疗。如《礼记·内则》所载："男女未冠笄者，鸡初鸣，咸盥漱，栉、纵、拂髦、总角、衿缨，皆佩容臭。"[14]可见佩香在先秦时期即作为一种礼节，表示对长辈的尊重。又见《大戴礼记》中"五月蓄兰，为沐浴"[15]，以及《九歌·云中君》中"浴兰汤兮沐芳"[16]所录，表明古人对香草沐浴洁身的认识。关于以香草祛病、入药的记载颇多，特别是在春秋时期，艾灸已经十分流行。如《孟子·离娄篇》载："今之欲王音，犹七年之病，求三年之艾也。"[17]

在先秦时期，香总被作为君子忠贞的参照。如屈原在作品中就多次把香比作君子。如《楚辞》中云："扈江离与辟芷兮，纫秋兰以为佩。"[18]此外，《尚书·君陈》所载："至治馨香，感于神明；黍稷非馨，明德惟馨。"[19]"明德惟馨"，即以馨香比喻德政，后经儒家文化的诠释，更是成为君子风范的表征，从而让香文化不断得到升华并传播久远。

先秦时期，由于受地域限制，中土气候温凉，不太适宜香料植物的生长，所以春秋时期所使用的香木、香草种类并不多，主要有兰

（泽兰，并非春兰）、蕙（蕙兰）、椒（椒树）、桂（桂树）、萧（艾蒿）、郁（郁金）、芷（白芷）、茅（香茅）等。那时对香木、香草的使用方法已非常丰富，不仅有焚烧（艾蒿）、佩戴（兰），还有煮汤（兰、蕙）、熬膏（兰膏），并以香料（郁金）入酒。《诗经》《尚书》《左传》《周礼》《山海经》中都有很多这方面的记述。如《周礼》所记："剪氏掌除蠹物，以攻攻之，以莽草熏之，凡庶虫之事。"[20]

那时的人们不仅对这些香木、香草取之用之，而且歌之咏之，托之寓之。如屈原的《离骚》中就有很多精彩的咏叹："扈江离与辟芷兮，纫秋兰以为佩""朝饮木兰之坠露兮，夕餐秋菊之落英""户服艾以盈要兮，谓幽兰其不可佩""何昔日之芳草兮，今直为此萧艾

▲ 古画中出现的用香情景

也""椒专佞以慢慆兮，樧又欲充夫佩帏"。[21]

二、秦汉时期

秦汉之时，江山一统，疆域扩大，香文化得到了更为广阔的发展空间，迎来了历史上第一个发展高峰，不仅香品种类得以丰富，当时人们对于香的应用和理解也有了更为广博的体会和厚重的感悟。

秦统一中国后，在岭南地区设置了南海郡、桂林郡和象郡，共三郡，由中央政府直接管辖。汉武帝时，通过平定南越国叛乱，近一步加强了对云南、两广、海南以及越南北部地区的管理，从而使原本生长于南方湿热地区的沉香、青木香等香药流入中原地区。汉武帝击溃匈奴，沟通"丝绸之路"，联通了中原同中亚、西亚、南亚以及欧洲的贸易渠道，同时扩大了同东南亚各国的海上贸易规模，开辟了到南亚、波斯湾地区的航线，这就为域外各国香品的传入及推广创造了地缘条件。

这一时期增加的主要香药品种有沉香、鸡舌香、青木香、迷迭香、艾纳香以及苏合香等。据《西京杂记》记载，汉成帝赏赐皇后赵飞燕的物品中有五层金博山香炉、同心梅、舍枝李、青木香、沉水香、香螺卮（出自海南，一名"丹螺甲"）、九真雄黄、麝香等香药和香具，其中大多为产自南方的香品，可见西汉中期南方香药已大量进入京城。特别是沉香传入中原后，很快得到皇室贵族的推崇，成为后世最重要的香药原料，也让木脂类香品成为中国香品的主流。

南方以及西域的香品一般通过贸易和朝贡传入中原。如《汉乐府》中所载："行胡从何方，列国持何来，氍毹五木香，迷迭艾纳及都梁。"[22]这里描绘的就是西域的客商，携带着产自异域的香药，来中原进行贸易的情景。宋《太平广记》记载："日南郡有香市，商人交易诸香处。南海郡有村香户，日南郡有千亩香林，名香出其中。香州在朱崖郡，洲中出诸异香，往往不知其名。千年松香闻十里，亦谓之三香也。"[23]可见在汉代，不仅出现了专供香药商人交易的集市，还有专门种植香药的农户，香药贸易在汉代的繁荣程度可见一斑。

而各国及各地朝贡的香药则是皇室、贵族用香的重要来源。《仙传拾遗》载："汉延和三年春，武帝幸安定，西胡月支国王遣使献香四两，大如雀卵，黑如桑葚。"[24]这是目前发现的关于贡香的最早记录。郭子横的《洞冥记》记载："光和元年，波祗国，亦名波弋国，献神精香草，一名荃，亦名春芜，一根而百条，其枝间如竹节柔软，其皮如丝，可为布，所谓'春芜布'。亦曰香荃，坚密如冰纨也。握之一片，满宫皆香，妇人带之，弥芬馥也。"[25]这里提到的荃，就是一种进贡来的香料。国内贡香也有记载，如南朝梁任昉《述异记》载："汉雍仲子进南海香物，拜为涪阳尉，时谓之香尉。"[26]可见朝廷对于香的喜爱和对贡香者的鼓励。

早在战国时期，古人就有"香气养性"的观点。如《荀子·礼论》所载："刍豢稻粱，五味调香，所以养口也；椒兰芬苾，所以养鼻也……故礼者养也。"[27]到了西汉早期，由于国家长期战乱后休养生息的需要，这种以香养气的观点得到进一步的推广，又由于黄老之学与神仙方术的盛行，更使得汉代用香多了几分玄奥的仙气。

比如汉代流行于皇室和王公贵族之中的博山炉，就是模拟海外仙山——"博山"景象的香具。其外观呈群山叠嶂之形，遍体或饰有云气花纹，或饰有仙人、灵兽，镂空雕刻孔洞，以供烟气升腾。香炉座下还常设有贮水（有贮兰汤之说）的圆盘，润气蒸香，象征东海。焚香时，香烟从镂空的山形中散出，宛如云雾盘绕的海上仙山，给人以置身仙境的感觉。刘向有《博山炉铭》："嘉此正器，嶄岩若山。上贯太华，承以铜盘。中有兰绮，朱火青烟。"可见博山炉焚香时的美妙境界。于茂陵陪冢中出土的"鎏金银竹节熏炉"，是西汉博山炉的精品之作。此熏炉通高58厘米，直径9厘米，底径13.3厘米，重2.57千克，其状为高柄竹节豆形，盖如博山，通体鎏金鎏银，圆足底盘透雕两条蟠龙，均以头承托盘腹，盘腹下部有十组三角形，内雕饰蟠龙纹，龙首回顾，龙身从波涛中腾出，线条流畅，造型奇妙。此物原为汉武帝所用，后赐予其姐阳信长公主（平阳公主）。

由于汉武帝奉仙好道，故多有武帝以香求仙的神异故事。如《汉武内传》载："帝于七月七日设坐殿上，烧百和香，张羃锦幨，西王母乘紫云车而至。"[28]东晋王嘉《拾遗记》记武帝梦中得李夫人授"蘅芜香"："梦李夫人授帝蘅芜香，帝梦中惊起，香气犹着衣枕间，历月不歇，帝谓为遗芳梦。"[29]又有明代周嘉胄《香乘》云："钟火山有香草。武帝思李夫人，东方朔献之，帝怀之梦见，因名曰怀梦草。"[30]以上故事虽属野史传说，但也可见当时以香通神的观念已得到广泛的认同。

汉代用香之风盛行，甚至已进入宫廷仪制。如汉代尚书值夜班时，有专人负责熏衣事宜。《后汉书·钟离意传》载："尚书郎入直台中，官供新青缣白绫被，或锦被，昼夜更宿，帷帐画，通中枕，卧旃蓐，冬夏随时改易。太官供食，五日一美食，下天子一等。尚书郎伯使一人，女侍史二人，皆选端正者。伯使从至止车门还，女侍史絜被服，执香炉烧熏，从入台中，给使护衣服也。"[31]可见熏香已是国家对高级官员的一种礼遇和荣誉。又如官员奏事时要"口含鸡舌香"，《通典·职官》载："尚书郎口含鸡舌香，以其奏事答对，欲使气息芬芳也。"[32]关于"口含鸡舌香"还有一个典故。据《汉官仪》所记，汉桓帝时，侍中刁存年老口臭，让皇帝难以忍受，于是取出鸡舌香让刁存含服。刁存含服后觉得鸡舌香味道辛螫，以为是皇帝赐毒，回家后与家人诀别。大家让他把"毒药"拿出来，才知道是鸡舌香，于是众人哄笑。刁存还是不信，有人把鸡舌香含入口中示范，刁存才放心。

这一时期，香在生活领域也有了更为广泛的应用。首先表现在熏香的盛行。战国时期，熏炉及熏香就已经在一定范围内流行，到了西汉时期，熏香广泛盛行于皇室贵族中。如《西京杂记》中，描绘赵合德"……杂熏诸香。一坐此席。余香百日不歇"。[33]可见用香之奢华。而现代出土的汉代熏炉颇多，如仅广州出土的汉代熏炉就多达百件。《西京杂记·卷一》中记载了一种特别的香炉制作工艺："长安巧工丁缓者……又作卧褥香炉，一名被中香炉，本出房风，其法后绝。至缓始更为之，为环机转运四周，而炉体常平。可置之被褥。故以为名。又作九层博山香炉。镂为奇禽怪兽。穷诸灵异皆自然运动。"[34]此香炉近似于后世的香球，可以放入被褥中，可见熏香方法的多样和熏香应用的广泛。

此外，香还被用于居室装饰。"椒房"作为古代后妃的代称，就是源于汉代皇后居室以花椒涂壁的做法。《三辅黄图》卷三记载："椒房殿，在未央宫，以椒和泥涂，取其温面芬芳也。"[35]可见古人根据花椒性暖多子的特点，赋予其美好的寓意。

香药也常用于丧葬仪式。由于香料可以保持空气清新，并使人体散发香气，同时还具有防腐杀菌的性能，所以中外均有以香料防止尸体腐烂的做法，如古埃及人就用乳香制造木乃伊。汉代的丧葬习俗开始更多地使用香药，如在河北满城刘胜墓、湖南长沙马王堆一号汉墓中，均发现了花椒、香囊和香枕等物品。马王堆一号汉墓出土的一件陶熏炉里也装满茅香，还有一件装有高良姜、辛夷和茅香等混合物的熏炉。湖北江陵汉墓中，棺内放置有杀菌作用的香料。这些香料具有较强的挥发性，气味充溢于棺内可以抑制微生物的活动，从而防止尸体的快速腐烂。《三国志集解》卷六引《述征记》记载："刘表家在高平郡，表之子琮捣四方珍香药物数十石，著棺中。苏合消疾之香，莫不毕备。永嘉中，郡人发其墓，表貌如生，香闻数十里。"[36]刘表死后百余年依然犹如生日，可见香药对尸体防腐的奇效。

香的药用价值也得到了进一步的认识和整理，特别是熏香"祛秽"的观念已在汉代十分流行。如据宋代《太平御览》所记，汉桓帝时秦嘉赴洛阳上任，留赠给妻子各种生活物品，其中包括多种香药，在与妻子往来的书信中即有"好香四种各一斤，可以去秽"[37]的文字。此外，医典中对香品也有较为详细的记述。如汉初撰写的《神农本草经》中载有麝香、木香、白芷、兰草、秦椒、杜若、蘼芜和泽兰等九种常用于熏香的香药，并注明部分香药的药用价值，如蘼芜"主咳逆，定惊气，辟邪恶，除蛊毒鬼注，去三虫，久服通神"；麝香"主辟恶气，杀鬼精物，温疟，蛊毒，痫痓，去三虫。久服除邪，不梦寤厌寐"。[38]

随着香药种类的丰富，汉代还出现了早期的合香。《新纂香谱》记载有金日磾合香的故事："金日磾既入侍，欲衣服香洁，变膻酪之气，乃合一香以自熏，武帝亦悦之。"[39]这应该是关于合香最早的典故。《后汉书》中曾有《汉后宫和香方》，记述了汉代后宫经典香方以及香药的炮制、香方的配制方法等，可惜已经失传。而据东汉时期《汉建宁宫中香》的记载，汉代的香方已涉及十余种香药，配方考

▲ 古画中的香炉

究，已具有后世香方的特点。

三、魏晋南北朝

魏晋南北朝是中国政治模式、文化观念以及地缘经济发生重大转折的时期。在400多年的时间里，中国政局动荡，基本处于分裂割据的状态。北方多个民族涌入中原建立政权。南方政权对岭南、云贵等偏远地带进行了深入的开发，并与当地民族逐渐融合，这都在客观上促进了南北方物产和生产方式的交流，也促进了香文化的推广。士族阶级在这一时期达到了鼎盛。士族子弟不用努力便可身居高位，且大多无所事事，终日饮酒、玄谈、为文、作书，重妆容，乐享受，而香更成为这一阶层增添风趣、表明地位的重要工具，因而受到特别的重视。由于士族尚谈玄，而百姓们又深受战乱之苦，所以佛教、道教无论在理论上还是在流布上，都得到了快速的发展。宗教用香也成为体现香文化的主流。

魏晋时上层社会注重修饰姿容、增添风度，所以熏衣、佩香、傅粉等十分流行。《颜氏家训·勉学》载："梁朝全盛之时，贵游子弟，多无学术，至于谚云：'上车不落则著作，体中何如则秘书。'无不熏衣剃面，傅粉施朱，驾长檐车，跟高齿屐，坐棋子方褥，凭斑丝隐囊，列器玩于左右，从容出入，望若神仙。"[40]这可作为士族子弟的写照。关于魏晋风流之士熏香的典故很多。如《襄阳记》有"荀令君至人家，坐处三日香"[41]的记载，说的就是曹魏时的尚书令荀彧好浓香，所坐之处香气三日不散的故事。后人多用"荀令留香"形容男子风流俊雅。又见《晋书·谢安传》所载："玄少好佩紫罗香囊，安患之，而不欲伤其意，因戏赌取，即焚之，于此遂止。"[42]也可见古人对于香品的喜爱程度。

《晋书·王敦传》及《晋书·刘寔传》中关于石崇用香的描述则显现出魏晋用香的奢华之风。石崇豪富，其厕所"常有十余婢侍列，皆有容色，置甲煎粉，沉香汁，有如厕者，皆易新衣而出，客多羞脱衣"。[43]一次，刘寔去石崇家拜访，如厕时，"见有绛纹帐，茵褥甚丽，两婢持香囊，寔便退，笑谓崇曰：'误入卿内耳。'崇曰：'是厕耳。'"又有传说称石崇的侍女也各含异香。石崇撒沉香屑于象牙床上，让姬妾踏过，若无脚印留下即赐珍珠百粒，如若留下脚印，就要节制饮食，以保持体态轻盈。其用香之豪阔，令人咋舌。

佛教自西汉传入中国以来，在很长时期内都未产生较大的影响。直到东汉末年以后，佛教才迎来了繁荣的局面。其原因，一方面，是高僧大德陆续来华传法，翻译了众多经书；另一方面，由于战乱不断，百姓需要精神寄托。再有，佛教哲学与魏晋时期流行的玄学颇有相通之处，故也得到了上层社会的青睐。而佛教的兴盛，也为香文化开辟了新的天地。

佛教中认为香是供养诸佛、菩萨的圣品。如《浴佛功德经》所说："若於如是诸佛如来以清净心种种供养：香花璎珞、幡盖敷具，布在佛前，种种严饰，上妙香水澡浴尊仪，烧香普熏运心法界。"又如《法苑珠林》所言："臣闻佛神清洁，不进酒肉，爱重物命，如护一子。所有供养，烧香而已；所可祭祀，饼果之属。"[44]

香除了作为佛的供养，还是诵经、打坐等仪规中的助缘之物。如《楞严经》中就有香严童子因香入道的故事："香严童子，即从座起……我时辞佛，宴晦清斋，见诸比丘烧沈水香，香气寂然来入鼻中。我观此气，非木非空，非烟非火，去无所著，来无所从。由是意销，发明无漏，如来印我得香严号。尘气倏灭，妙香密圆，我从香严得阿罗汉。佛问圆通，如我所证，香严为上。"[45]

到魏晋南北朝时期，兴盛于汉代的道学对社会生活的影响仍然很大，而从汉代开始传入中国的佛教也迅速传播开来，无论道家还是佛家都提倡用香。推崇玄学（道家与儒家的融合）的魏晋文人对香尤为青睐，再加上魏文帝、晋武帝、南唐后主李煜等爱香的帝王的带动，使得这一时期的香文化虽经连番战乱，却仍然获得了较大的发展。合香配方的种类继续增多，并且出现了一批专门用于治病的药香。

四、隋唐时期

隋唐时期，封建社会高度发展，国家的统一、海陆交通的发达促进了对外经济、文化的交流，出现了封建文化鼎盛的局面。香文化也迎来了繁荣发展的契机。

香文化的繁荣表现在皇家贵戚用香的极度奢靡。隋唐时期以香建屋宇成为特色，比如唐明皇为杨贵妃建造的沉香亭，杨国忠建的四香阁等，都非常富丽。宫室焚香更为奢靡，据《贞观纪闻》记载，隋炀帝杨广焚香可谓穷奢极欲，暴殄天物。他在每年除夕之夜，"殿前设火山数十座，每一山焚烧沉香木数车，再灌浇甲煎，火焰高数丈，香闻数里"。除焚爇香品，当时贵人行动坐卧皆不离香，在宫室熏香，随身佩戴香囊、香袋，车马上也要挂香囊，衣服用香熏，洗浴用香汤。由于宫廷中用香普遍，宫中还出现了专管焚香事宜的部门，称为尚舍局和尚药局。据《旧唐书·穆宗本纪》记载，安葬宪宗时，穆宗曾有诏书："鱼肉肥鲜，恐致熏秽，宜令尚药局以香药代食。"[46]

由于唐朝陆上"丝绸之路"与海上"丝绸之路"都十分繁华，很多域外香药得以大量进入中原，《唐大和上东征传》曾记载："江中有婆罗门、波斯、昆仑等舶，不知其数。并载香药珍宝，积载如山，舶深六七丈。"[47]檀香、龙脑香、乳香、没药、胡椒、丁香、沉香、木香、安息香和苏合香等域外香药大量进入我国，极大地丰富了香品市场。除了外来香品，我国的香品和香文化也在向外传播，鉴真东渡日本时，就带有大量香品，据《唐大和上东征传》记载，天宝二载，除法器等物，还带有"麝香二十脐，沉香、甲香、甘松香、龙脑香、胆唐香、安息香、栈香、零陵香、青木香和熏陆香共有六百余斤，又有毕钵、诃梨勒、胡椒、阿魏、石蜜和蔗糖等五百余斤，蜂蜜十斛，甘蔗八十束"。天宝七载，"造舟，买香药，备办百物，一如天宝二载所备"。至今，日本奈良东大寺还藏有数十种由鉴真带到日本的香药。

唐代，香药更多地用于美容。如孙思邈所著《千金翼方》与《备急千金要方》中，就记录了面脂方、澡豆方等美容类药香方近30种。皇帝也经常把美容药香赏赐给大臣，如张九龄《谢赐香药面脂表》曾写道："某至宣敕冒赐臣裹衣香、面脂、小通中散等药，捧日月之光，寒移雪海；沐云雨之泽，春入花门……"可见当时赏赐香妆已成定制。

五、宋元时期

宋代是我国香文化发展的一个高峰。当时不仅皇亲国戚、文人士大夫喜爱焚香，就连普通百姓也将焚香作为生活之必需，甚至达到了"巷陌皆香"的程度。在《清明上河图》中，就有多处描绘与香有关的情景，比如香铺门前招牌上写有"刘家上色沉檀拣香"的字样。在宋代街市上，有专门卖香的"香铺""香人"，宋孟元老《东京梦华录》记载："如其士农工商诸行百户衣装，各有本色，不敢越外。谓如香铺裹香人，即顶帽披背……"[48] 还有专门负责打香印的："日供打香印者，则管定铺席人家牌额，时节即印施佛像等。"还有人"供香饼子、炭团"。从这些史料中，我们可以看出宋代民间用香的繁荣景象。尽管陆上丝绸之路被阻断，但海上香品贸易却依然繁荣。香药已经成为当时最重要的进口货物之一，甚至还出现了专门运输香药的"香舶"。20世纪70年代，在泉州就发掘出一艘大型的宋代沉没香舶，船上载有龙涎香、降真香、檀香、沉香、乳香和胡椒等名贵香药。由于海上香药贸易高度繁盛，朝廷还成立了专门负责香药贸易的管理机构——香药局，实行香药专卖制度。香药贸易最高峰时，其贸易收入超过了国家收入的1/4。

在宫廷中也存有数量庞大的香药，为此宋宫中设有"香药库"，专门"掌出纳外国贡献及市舶香药、宝石之事"。据《续资治通鉴长编》记载，宋代初年为了缓解钱粮困难，将一批香药变卖，竟得钱240万贯之多，可见宫中所存香药数量之庞大。

宋代是中国文化发展的顶峰，这个时期的文人思想活跃，社会地位高，对于精神世界有着高层次的追求，所以文人不仅焚香、用香，还研制香方，并将自制的香药作为友人间酬答的赠物，以香来表达自己的心性感悟。所以，这一时期出现了大量的香谱典籍，如丁谓《天香传》、沈立《沈氏香谱》、洪刍《洪氏香谱》、叶廷珪《名香谱》、颜博文《颜氏香史》、陈敬《陈氏香谱》、范成大《桂海虞衡志·志香》等。

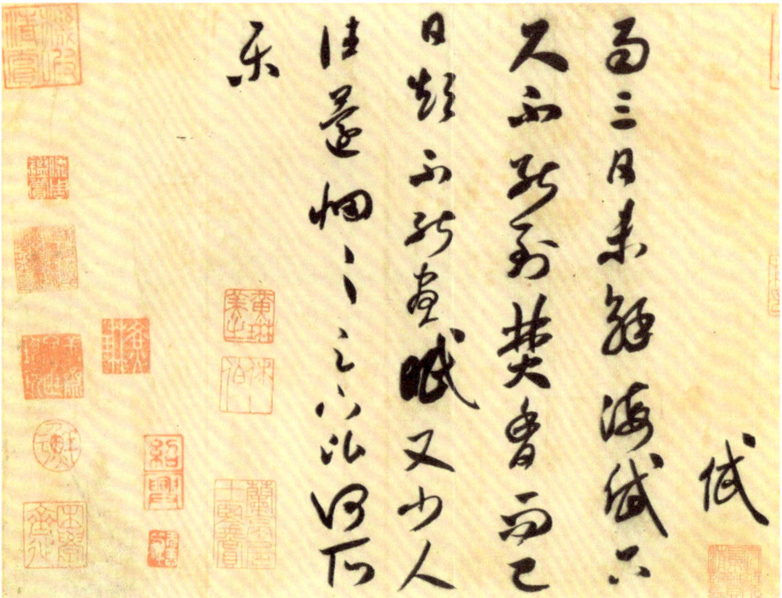

▲ 焚香帖（宋代米芾书）

六、明清时期

明清时期的香药更加注重实用功能，特别是宫廷中更多地使用到了药香。在陈可冀先生整理的《清宫医方底案》中所录的药方，有一半以上都可以归入药香的范畴。清宫用药香具有三个特点：一是利用药香具有通达之力的特点，药效作用快，故将其用作危重症救急，或者助力其他药味进入脏腑；二是利用药香固本强源、祛邪扶正的作用，用于增强体质，增加免疫力，比如皇家新生儿多开以朱砂、雄黄为主料的"福寿丹"；三是将药香作为外用药品，可以敷贴、吹涂，更可通过口鼻呼吸以通达药效，这样既具药物之功又安全无痛苦。同时药香也作为美容用品在宫中使用，如"香发散""玉容散""加味香肥皂"等。

明清时期，民间香谱分工更加明确，比如有专门生产香粉的、生产焚爇类香品的以及香饼、香膏的各类店铺。

▲ 清代金丝点翠香囊

▲ 清代香囊、香制鼻烟壶、香扳指、香粉

注释：

[1] 冀昀主编：《尚书》，线装书局2007年版，第10页。

[2] 冀昀主编：《尚书》，线装书局2007年版，第132页。

[3] 王明：《抱朴子内篇校释》，中华书局1985年版。

[4] [明]缪希雍撰，郑金生校注：《神农本草经疏》，中国古籍出版社2002
　　年版。

[5] 胡道静：《梦溪笔谈校正》，上海人民出版社2011年版。

[6] [唐]玄奘、辩机著，季羡林等校注：《大唐西域记校注》中华书局2000年版。

[7] [明]文震亨、屠隆：《中国艺术文献丛刊：长物志·考槃余事》，浙江人民美术出版社2011年版。

[8] 魏炯若：《离骚发微》，四川人民出版社1980年版。

[9] 吉联抗：《琴操（两种）》，人民音乐出版社1990年版。

[10] [宋]刘颁：《中华再造善本·汉官仪》，北京图书馆出版社2003年版。

[11] [清]方玉润撰，李先耕注解：《诗经原始》，中华书局1986年版。

[12][13][14] [清]孙希旦撰，沈啸寰、王星贤点校：《礼记集解》，中华书局1989年版。

[15] 方向东：《大戴礼记汇校集解》，中华书局2008年版。

[16][18][21] [宋]洪兴祖著，白化文等点校：《楚辞补注》，中华书局1983年版。

[17] [宋]朱熹：《四书章句集注》，中华书局1983年版。

[19] 冀昀主编：《尚书》，线装书局2007年版。

[20] [清]孙诒让：《周礼正义》，中华书局1987年版。

[22] 萧涤非：《汉魏六朝乐府文学史》，人民文学出版社1984年版。

[23] [宋]李昉等：《太平广记》，中华书局2013年版。

[24] 罗争鸣：《杜光庭记传十种辑校》，中华书局2013年版。

[25] [汉]郭子横著，仙谷子译：《洞冥记》，中州古籍出版社1994年版。

[26] [梁]任昉、[宋]刘义庆、[梁]刘孝标：《钦定四库全书荟要：述异记·世说新语》，吉林出版集团有限责任公司2005年版。

[27] [清]王先谦：《荀子集解》，中华书局1988年版。

[28] [晋]郭璞：《山海经注》，京华出版社2000年版。

[29] [晋]王嘉：《拾遗记》，上海古籍出版社2012年版。

[30] [明]周嘉胄著，日月洲注：《香乘》，九州出版社2014年版。

[31]［宋］范晔撰，［唐］李贤等注：《后汉书》，中华书局2000年版。

[32]［唐］杜佑：《通典》，中华书局1988年版。

[33]［34］［晋］葛洪撰，周天游校注：《西京杂记》，三秦出版社2006年版。

[35] 河清谷：《三辅黄图校释》，中华书局2012年版。

[36] 卢弼：《三国志集解》，中华书局1982年版。

[37]［宋］李昉等：《太平御览》，中华书局2000年版。

[38]［清］顾观光：《神农本草经》，哈尔滨出版社2007年版。

[39]［宋］陈敬、严小青：《新纂香谱》，中华书局2012年版。

[40]［南北朝］颜之推著，易孟醇、夏光弘译注：《颜氏家训》，岳麓书社1999年版。

[41]［晋］习凿齿：《襄阳耆旧记校注》，荆楚出版社1986年版。

[42]［43］［唐］房玄龄等：《晋书》，中华书局1996年版。

[44]［唐］道世：《法苑珠林》，上海古籍出版社1991年版。

[45] 赖永海、杨维中译注：《佛教十三经：楞严经》，中华书局2010年版。

[46]［后晋］刘昫等：《旧唐书》，中华书局1975年版。

[47]［日］真人元开著，汪向荣校注：《唐大和上东征传》，中华书局1979年版。

[48]［宋］孟元老：《东京梦华录》，中州古籍出版社2010年版。

第二章

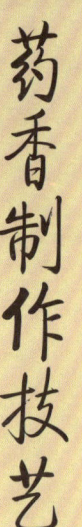

药香制作技艺

第一节　药香的原料——香药

第二节　药香的配伍——合香与香方

第三节　药香的制作流程

第一节　药香的原料——香药

一、香药的定义

　　香药是指可用于制香的药物，而古人把所有香材、香料都统称为香药。由于古人认为香与药同源同属，凡是本草，皆可制香，所有香品皆可入药，所以笔者一直认为，从广义上来讲，所有的药材都可以归属于香药的范畴。但如果要给香药下一个狭义的定义，还是需要仔细斟酌的。什么样的本草可以归入香药，自古以来一直没有明确的说法，一般可以从香药本身的特性以及对人体的作用作简单的界定。

　　多数香药本身都具有浓烈的气味。所谓气味，不一定是一般意义上的香味。现在一般把好闻的气味叫作香，让人厌恶的气味叫作臭。其实在很多古书中，香与臭都是作为气味的统称。《诗经·大雅·文

▲ 香药

王》中写道："上天之载，无声无臭"。[1]这里的"臭"就当作气味讲。又如《周易·系辞上》中有"同心之言，其臭如兰"。[2]这里的"臭"字也当作气味讲。古人把气味分为五种，即"臊、焦、香、腥、腐"，分别对应五脏。所以，我们可以认为，香药就是具有气味的药物。任何具有气味的药物，都可以归为香药的范畴，这是从药物表征上对香药进行的判断。

如果从药物的特性来看，香药又可以有不同的判断标准。一般认为，香药大多具有辟邪、健脾、走窜、化湿的效果，笔者认为，明显具有其中一种或几种特性的药物，无论药物本身是否具有气味，都可以认为是一种香药。

二、香药的种类

由于香药的药性复杂，往往一味香药就具有多种药性，所以依据药性分类比较困难。简单的分类方法是依据香药的自然属性划分，即分为植物类、动物类和矿物类三大类。

（一）植物类香药

植物类香药是最多的，绝大多数香药都属于此类。此类又可以分为草叶类香药、花果类香药、木本类香药以及木脂类香药。草叶类香药包括兰草、茅香、芸香、零陵香、艾叶等，是中国人最早大量使用的香药种类。花果类香药包括桂花、玫瑰花、茉莉花、辛夷花、茴香、花椒等。木本类香药包括檀香、降香等。木脂类香药包括沉香、松香等，此类香虽然也出产于木本植物，但与木本类香药不同的是，这些香药主要

▲ 沉香

使用的是木脂分泌的油性物质。

（二）动物类香药

动物类香药种类不多，常见的主要有麝香、甲香、龙涎香等。麝香是一种鹿科动物麝的雄性腺体中的分泌物；甲香产自一种甲螺动物；龙涎香则是抹香鲸消化系统中的一种分泌物。

（三）矿物类香药

矿物类香药一般没有浓烈的气味，将其归入香药范畴主要从其药性作用考虑。比如朱砂、硫黄、石膏、滑石、枯矾、白矾等。由于这些药物具有扶正祛邪的作用，恰恰符合香药的基本特点，所以这些矿物类香药也都是重要的香药。

▲ 雄黄粉

▲ 朱砂粉

三、香药的功效

（一）祛邪避秽　洁身防疫

人们很早就发现了香药祛邪避秽的功效，并且将香药的这种特性与礼仪祭祀相结合。古人认为五月蚊蝇众多，疾病流行，所以称五月为恶月。而人们发现用香草可以达到洁身祛病、预防瘟疫的作用，所以用香草沐浴不仅被用于疾病预防，更演变成一种仪式，如《大戴礼记》中记载"五月蓄兰，为沐浴"[3]，屈原的《九歌·云中君》中也有"浴兰汤兮沐芳"[4]之语。

对于香药为何会有这种作用，《神农本草经疏》中有这样的解释："凡邪恶气之中人，必从口鼻入。口鼻为阳明之窍，阳明虚，则恶气易如。得芬芳清阳之气，则恶气除而脾胃安矣。"[5] "苏合香疏"更是对香药的特性作出了概括："苏和香聚诸香之气而成，故其味甘，气温无毒。凡香气皆能辟邪恶，况和众香之气而成一物者乎？其走窍逐邪，通神明，杀鬼精，除魇梦。温疟虫毒宜然矣，亦能开郁。"作为奠定中医基础理论的《黄帝内经》中，就载有专用于避瘟防疫的"小金丹"一方，此药以辰砂、雄黄、雌黄、紫金四种金石类香药合成，每日服用，即可防疫。后世以香祛疫的名方极多，到清代，特别是宫廷中，香药更是成为瘟疫流行时必备的药品。

（二）健脾开胃　纳谷消食

香药还有健脾开胃之效。《颜氏香谱》载"五脏惟脾喜香"，《黄帝内经》谓"香入脾""土爱暖而喜芳香"。[6]《说文解字》言"芳也，从黍，从甘"[7]，甘入脾，香药则多入脾经。如檀香、甘松、丁香等，均为健脾开胃的良药，有纳谷消食的功效。中医认为脾乃后天之本，气血生化之源，脾胃强健，水谷得运，气血充旺，方得化生精、气、血、津液，以济脏腑、经络、四肢，以及筋肉、皮、毛等。所以用香养脾，被古人视作养生之本。

（三）透达经络　疏通气机

香药多温香走窜之性，可透达经络，疏通气机，入心开窍。这可以认为是香药最基本的特性，所以香药对治疗中风昏厥、热病神昏以及由七情郁结、气血逆乱所致的神明内闭等症可有速效。《黄帝内经》载有"芳香温通法"："痛痹，心痛，有寒故痛，温则消而去之"[8]，这种方法就是使用了香药温香的特性。所以香药多用于治疗急症，如北宋《苏沈良方》卷十五载有两个用苏合香丸抢救危重病人的医案：北宋淮南监司官谢执方呕血不止，造成手足皆冷，鼻息已绝，医者马上用半两苏合香丸灌下，病人很快就苏醒了；另一个病例记载，有一个船工因长期患有伤寒而昏迷，鼻息皆无，人们都以为此人已死，但发现他的心窝尚暖，于是给他灌下四丸苏合香丸，病人立即苏醒了。[9]苏合香丸是用多种香药制成的合香，很多单品香药也都有这种作用，比如麝香通窍之力就非常明显，清张璐《本经逢原》中对麝香有这样的记载："麝香辛温芳烈，为通关利窍之专药。凡邪气着人，淹伏不起，则关窍闭塞。辛香走窜，自内达外，则毫毛骨节俱开，从此而出。"[10]所以凡是急症，多会用到麝香。因为香药可以送达药力至寻常药物难及之处，所以方剂中使药，一般都用到香药，以达到走窜通达之效。

　　香药健脾，故可疏通气机，宣化湿浊，消胀除痞。如古人称糖尿病为消渴症，即由湿浊内聚，积热内生，火炎于上以致运化失职、代谢失调所致。《黄帝内经·奇病论》即言可用香药医之："肥者令人内热，甘者令人中满，故其气上溢，转为消渴。治之以兰，除陈气也。"[11]香药中有很多药物都有类似效果，如《本草正义》对于苍术有这样的评价："气味雄厚，较白术愈猛，能彻上彻下，燥湿而宣化痰饮，芳香避秽，胜四时不正之气，故时疫之病多用之。"[12]《本草纲目》中记载花椒也有类似功效："入脾除湿，治风寒湿痹，水肿泻痢……"[13]此外，如松香、佩兰、藿香等均有芳香化湿、悦脾畅中的作用。

第二节　药香的配伍——合香与香方

　　人们最早用到的香药都是单品香药，比如前秦时期基本直接使用兰草、茅香等草本香药沐浴，或直接点燃。到西汉时期我国才有关于合香的记载。合香指按照一定配伍规律，同多种香药制作的香品。香方是配制药香的说明。古人在配制成功一款药香后，会将这款药香使用了哪些香药，每种香药的比例甚至每种香药的炮制方式都做出详细记录，这也是后人研究古代药香以及制作工艺最宝贵的资料。

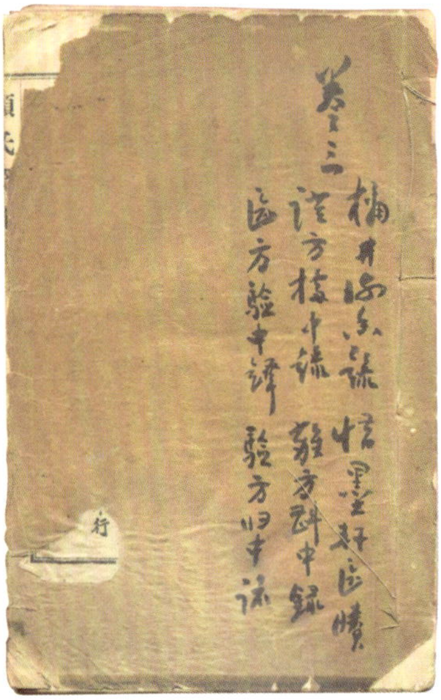

▲ 李时亮（"药香制作技艺"市级代表性传承人）祖上所传香方的封面

　　《后汉书》中记载的《汉后宫和香方》记述了汉代后宫的经典香方，虽然此书已经失传，但可以推断出当时合香已经被广泛使用。到了唐代以后，合香成为药香的主流，特别是在宋代，香文化达到了一个顶峰，各种香方被录为香谱，流传后世的有《陈氏香谱》《洪氏香谱》《天香传》《新纂香谱》等。

　　《香乘》中对于合香的形态是如此要求的："合香之法贵于使众香咸为一体，麝滋而散，挠之使匀，沉实而腴，碎之使和，檀坚而燥，揉之使腻，比其性等其物而高下之如医者之用药，使气味各不相掩香始香。"[14]

一、合香

（一）性情的表达

古人合香，特别是文人合香，不仅仅重视合香的形态和气味是否最佳，还特别注重香药对于自身性情的表达。如明代大儒屠隆评苏轼的合香境界时曾说："和香者，和其性也；品香，品自性也。自性立则命安，性命和则慧生，智慧生则九衢尘里任逍遥……"所以文人合香，并不一味地追求香气的馥郁芬芳，而是要以自性馨香彰显香药的味道，以此作为自己心性修为的一种体现。

（二）遵循配伍规则

无论是文人合香还是药用药香，首先都要遵循与药物方剂一样的配伍规则。合香如同合药，都要符合七情和合的宗旨，同样存在"君臣佐使"的配伍方法。所谓"凡物厚力大者，必有偏性"，所以任何一味单品香药都存在偏性，就算被称作"沉实易和，盈斤无伤"的沉香也存在较大的燥性，如果单独大量使用，也会给人体造成上火等不

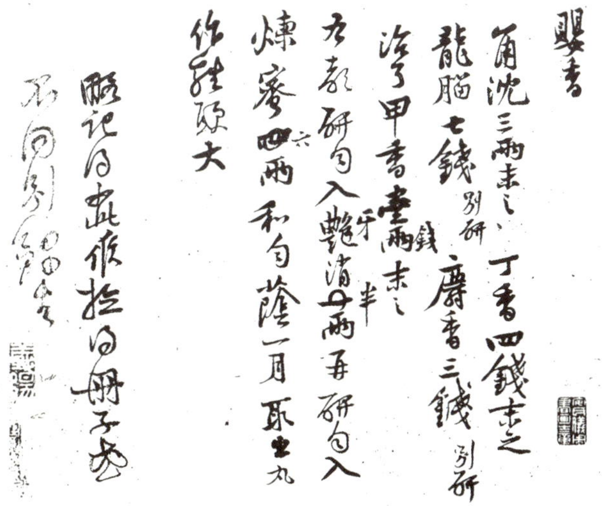

▲ 香方（李时亮祖上所传）

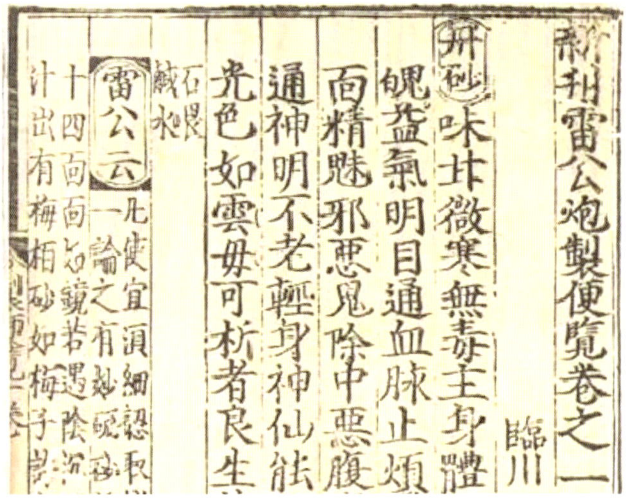

▲ 《新刊雷公炮制便览》一书中讲到多种香药的药性及炮制工艺

适的症状。所以，合香的关键在于把香药中的偏性加以纠正，形成各方面都很平和的药香，这样用起来才会有益身心。然而，有些专用于治疗某种疾病的香方，反而会通过一些配伍让香药的偏性更为明显，以达到特别的药效。

（三）遵循五行节律

合香还要遵循五行节律的要求。按照中医理论，只有香气与五行四时节律相合的时候，才能让香气与人体脏腑的运转相协调，取得平衡阴阳、保养正气的效果，才能对人体有更大的益处。

二、香方

中医认为，百草皆分五行，以五行与四时相对，才是阴阳平衡的好方子。如《汤液经法》"十二神方"中提到了"四正方"，即将有代表性的十六味香药按照四方分排，以此阐述药方——也是香方的配合原理。"四正方"如下：

北方子，真武汤，其气渗：茯苓、白术、桂枝、甘草；

南方午，朱雀汤，其气滋：阿胶、地黄、艾叶、干姜；

东方卯，青龙汤，其气散：麻黄、甘草、杏仁、桂枝；

西方酉，白虎汤，其气收：石膏、知母、粳米、甘草。[15]

《香乘》所录《晦斋香谱》中的"五方真香"，就是依据中医四时阴阳沉降的配伍规律合成的药香，具有调养精神，顺人身五行之气的作用。"五方真香"如下：

东阁藏春香，按东方青气属木，主春季，宜华筵焚之，有百花气味。沉速香二两，檀香五钱，乳香、丁香、甘松各一钱，玄参一两，麝香一分，上为末，炼蜜和剂作饼子，用青柏香末为衣焚之。

南极庆寿香，按南方赤气属火，主夏季，宜寿筵焚之，此是南极

▲ 清末印本《香乘》（封面）

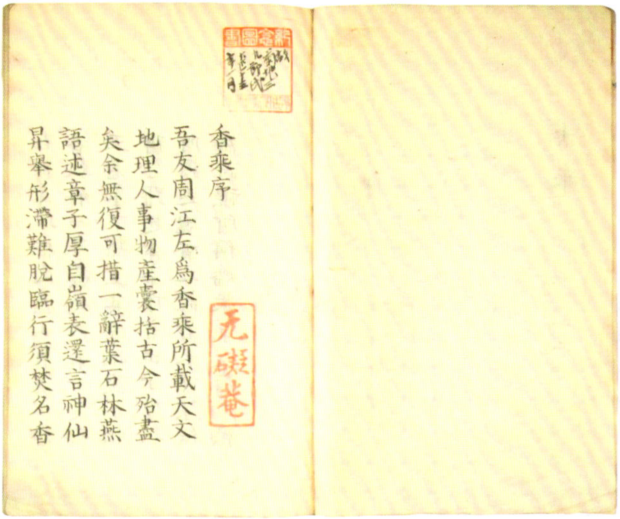

▲ 清末印本《香乘》（序言）

真人瑶池庆寿香。沉香、檀香、乳香、金沙降各五钱，安息香、玄参各一钱，大黄五、丁香一字，官桂一字，麝香三字，枣肉三个煮去皮核，上为细末，加上枣肉，以炼蜜和剂托出，用上等黄丹为衣焚之。

西斋雅意香，按西方素气主秋季，宜吉节经阁内焚之，有亲灯火，阅简编，消酒襟怀之趣。玄参酒浸四钱，檀香五钱，大黄一钱，丁香三钱，甘松二钱，麝香少许，上为末，炼蜜和剂作饼子，以过寒水石为衣焚之。

北苑名芳香，按北方黑气主冬季，宜用炉赏雪焚之，有幽兰之馨。枫香二钱半，玄参二钱，檀香二钱，乳香一两五钱，上为末，炼蜜和剂，加柳炭末，以黑为度脱出焚之。

四时清味香，按中央黄气属土，主四季月，宜尽堂书馆，酒榭花亭皆可焚之此香，最能解秽。茴香一钱半，丁香一钱半，零陵香五钱，檀香八钱，甘松一两，脑麝少许另研，上为末，炼蜜和剂作饼，用铅粉黄为衣焚之。[16]

第三节　药香的制作流程

药香的种类有很多，如焚熏类、美容类、口服类、外用类和佩戴类等。不同种类和功能的药香制作方法有很大不同。现以普通的焚熏类线香和美容用的澡豆的制作为例加以说明。

一、线香的制作

手工制作线香的工艺，各家各派都有所区别，这里就以宫廷贡香的制作要求进行介绍。一款线香的制作，一般需要8大项、24小项的工序，即切、捣、压、洗、煮、治、揉、晒。因合香所用香药不同，工序也会有所调整，大体都需要经过如下几个步骤。

（一）选材

制香原则是使香养神、养生，要达此功效，生产工序之复杂，要求之高，绝非易事。其中最重要的是选材。世界上各种香料因产地

▲ 药香制作第一步——选材

▲ 储存香药的罐子和药柜

▲ 制作药香需要的香药

▲ 根据配伍仔细称量每种香药的用量

第二章

药香制作技艺

不同，质量亦相去甚远，同产地香料如何甄别优劣更是关键。传统药香，香药必须全部采用纯天然、无污染的植物和可再生的珍贵树木及部分动物为原料。特别是药香中的黏合剂，也必须选用纯天然的香药，比如北方制香，最常用的黏合剂就是榆树皮中的白色胶状物质。只有纯天然的优质香药配料才能保证香品之质优。

（二）研磨

研磨的方式有很多种，首先要将各种香药分别粉碎，然后将粉碎后的颗粒物进行研磨。一般使用石臼、捣子、石磨等工具进行研磨。如果需要极为细腻的粉末，则还需要水飞的过程，即将粉碎后的香药加入水进行研磨，让香末飞入水中，待浆液沉淀后将其晒干研细备用。不同的香品对香粉的细腻程度有不同的要求，也并非所有种类的香药都是越细越好，有时候香粉颗粒的大小也能影响香的气味。

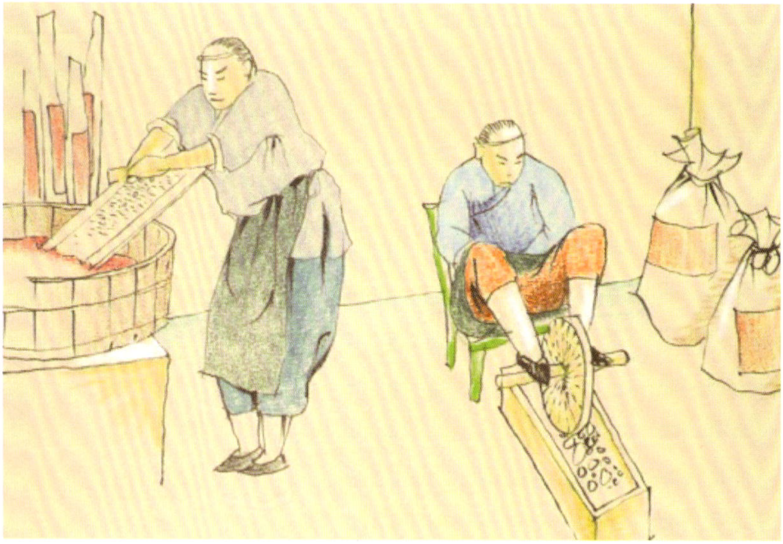

▲ 药香制作第二步——研磨

第二章 药香制作技艺

▲ 用于切割香药的铡刀

▲ 用于研磨香药的瓷钵

43

北京非物质文化遗产丛书

药香制作技艺

▲ 用于碾压香药的石磨

▲ 逐渐被研磨成粉末的枯矾

▲ 研磨枯矾

▲ 研磨香药

第二章

药香制作技艺

▲ 用石臼研磨香药

▲ 用铜捣研磨香药

45

（三）炮制

香药的炮制与一般药物的炮制类似，不外乎蒸、煮、炒、炙、炮、焙、飞等手法。炮制的目的就是为了纠正或加强香药中的某种特性，或者为了使某种香药达到预期的香味。比如檀香的炮制，为了去除檀香中的腥味，发挥檀香的药性，就需要先用火炒制檀香，待檀香变色并冒烟后，再用糯米水煮制，待水分基本煮干之后，才可以将檀香入药合香。对于有毒性的香药，炮制工艺就更加复杂。比如，《清宫医案》中记载的炮制半夏的程序就非常繁复，需要先用清水浸泡药材九日，再用石灰水泡九日，再用清水泡九日，后用硝矾水泡九日，最后再用清水泡九日，然后晒干，接着还要用甘草、薄荷、丁香熬制，待水分煮干后，将药材晒干方可使用。可见，香药的炮制是一个复杂的过程，需要中医理论和中医方剂学的支持才能完成。

▲ 药香制作第三步——炮制

▲ 香药炮制——火炒法

第二章

药香制作技艺

北京非物质文化遗产丛书

药香制作技艺

▲ 香药炮制——水煮法

▲ 有些香药需放在绢袋中才可以
上火去煮

▲ 用绢袋装好香药后，让药袋浮于水面上

▲ 煮药的水温需要亲自尝试

第二章

药香制作技艺

49

北京非物质文化遗产丛书

药香制作技艺

▲ 用蜂蜜炮制香药

第二章

药香制作技艺

51

药香制作技艺

北京非物质文化遗产丛书

▲ 炮制香药需要用"炼蜜"才能达到最佳效果

▲ 用炒的方式炮制香药

▲ 炮制中的香药

▲ 炮制的火候儿很重要，需要认真把握

▲ 用酒炮制香药

第二章

药香制作技艺

（四）配伍

一款品质卓越的香品，香方配伍是关键。单方香药如何使用，合方香药如何配伍，如何处理香药间的君臣搭配，都是一门高深的学问，没有足够经验难达极致。而香方确定后，合香也不是简单地将几种香药兑在一处，还需要掌握合香的节律和时间。根据中医"天人合一"的理论，制药也要顺应天时。在中医看来，香阳气旺盛，所以制香时更要考虑香药自身的特性。笔者喜欢选在子时合香，取一阳来复之意，以扶香之正气。此事说起来似乎玄而又玄，也很难找到科学的依据，但依据人们的习惯做法，还是将这些规矩作为一种传统继承下来。

▲ 药香制作第四步——配伍

第二章　药香制作技艺

▲ 经过炮制的香药被放入铜盆

55

▲ 准备揉制混合后的香药

（五）手制成形

香粉合成后，还要加入天然黏合剂并和成香泥团，然后还需要反复搓揉、摔打香泥，使得各种香药药粉充分融合，并且使整个香泥的质地更加紧密，这样才能保证制作出来的香不容易断裂。香泥和好后，还要放入陶罐中饧上一段时间，让香泥更加柔软有弹性。饧好后，就可以根据所需制作的香品形状进行定形了。一般常见的手工线香是用香床子压制出来的。这种香床子很像制作饸饹面的压面床子，这种工具可以把香泥团压成一根长长的线条。然后将这根线条根据所需长度切割成长度相同的几段，一款线香就初步成形了。由于手工制

▲ 药香制作第五步——手制成形

▲ 将香泥压制成条状

香使用的是传统工具，所以对工艺要求较高，如果某一步骤制作不够严谨，所制香品就难以成形。

▲ 像揉面一样将香揉搓成团

▲ 放入陶罐中焖上一段时间

▲ 压制香泥

▲ 香床子细节

第二章

药香制作技艺

59

北京非物质文化遗产丛书

药香制作技艺

▲ 压制香泥

▲ 压出条状的香泥

（六）阴干

香品成形后需要阴干。为了防止香品在阴干过程中变形，多使用木框，在木框中间穿上麻绳，然后将香放在麻绳上阴干。不同种类的香品，虽功效作用不同，但为保证其品质，均需将其置于通风且不见阳光之地，使其自然干燥，保证香料及药材更好地达其功效。

▲ 药香制作第六步——阴干

▲ 编制放置香用的木框

▲ 将压好的条状香泥在石板上抒直

▲ 将香切成长短一致的小条

▲ 将已成形的线香晾于阴凉处

（七）窖藏

　　香品阴干后，多余的水分被去除了，但尚需在避光且湿度、温度适宜的地方储藏，使香料及药材更好地相互融合、作用，如此才可使香气既有层次感又浑然一体。根据药材、香方的不同，以及周围环境的变化，窖藏时间亦有差异，少则三个月，多则三年以上。有时为了增强窖藏效果，还要做烧窖的工作。一般是在夏季给窖加温，让香更强烈地感受到夏天的炎热之气；在冬天，反而不能在窖中放置增温设备，好让香充分经历严寒的考验。这样窖藏出来的香，才能褪去其中的火气、燥气，药性才能更加稳定。

▲ 用河泥制作储存香品的罐子

▲ 在窖中码放的储存香品的河泥罐

63

（八）包装

香品种类繁多，必须用容器装好。收藏香品时要根据各种香料的属性特点选择容器。如水麝忌讳暑气，波律忌讳潮湿，尤其要加以护持。同时，容器又要便于时时开合，方便查看香品情况。一般用河泥罐存香最好，可以用河泥的阴凉之气驱除香中的燥气。而一般作为产

▲ 对出窖的香进行检验

品包装，选用天然手工纸也是可以的。如果用木质包装，则要选用红豆杉等本身味道很淡的木材，以防长时间存放后，包装物的气味浸入香里，影响香的味道和药性。

二、澡豆的制作

澡豆制作的前几步工序与线香近似，也需要进行选材、研磨、炮制和配伍等工作。只是在成形阶段，为了追求澡豆的外形美观，需使用手工雕刻的老模子。下面以一款以红糖为主料的玉容澡豆为例进行讲解。

▲ 用檀香木将土红糖捣碎

北
京
非
物
质
文
化
遗
产
丛
书

药
香
制
作
技
艺

▲ 将由多种香药配置好的药粉撒在红糖上

▲ 将红糖与药粉充分混合

▲ 拣出香粉中的颗粒物

▲ 用力揉搓，使香粉成团

▲ 反复摔打香泥，使其质地更为细腻紧密

第二章

药香制作技艺

北京非物质文化遗产丛书

药香制作技艺

▲ 将香泥揉成小球，塞入模子中

▲ 从模子中取出成形的香泥，澡豆就基本做好了

注释：

[1] [清]方玉润撰，李先耕注解：《诗经原始》，中华书局1986年版。

[2] 杨天才、张善文译注：《周易》，中华书局2011年版。

[3] 方向东：《大戴礼记汇校集解》，中华书局2008年版。

[4] [宋]洪兴祖著，白化文等点校：《楚辞补注》，中华书局1983年版。

[5] [明]缪希雍撰，郑金生校注：《神农本草经疏》，中国古籍出版社2002年版。

[6][8][11] 姚春鹏译注：《黄帝内经》，中华书局2009年版。

[7] [东汉]许慎撰，[清]段玉裁注：《说文解字注》，上海古籍出版社1988年版。

[9] [宋]沈括、苏轼：《苏沈良方》，上海科学技术出版社2003年版。

[10] [清]张璐：《本经逢原》，中国中医药出版社1996年版。

[12] 张山雷：《本草正义》，福建科学技术出版社2006年版。

[13] [明]李时珍：《本草纲目》，人民卫生出版社2005年版。

[14][16] [明]周嘉胄著，日月洲注：《香乘》，九州出版社2014年版。

[15] [民国]杨绍伊辑复，陈居伟、郭玉品校注：《汤液经钩考》，学苑出版社2012年版。

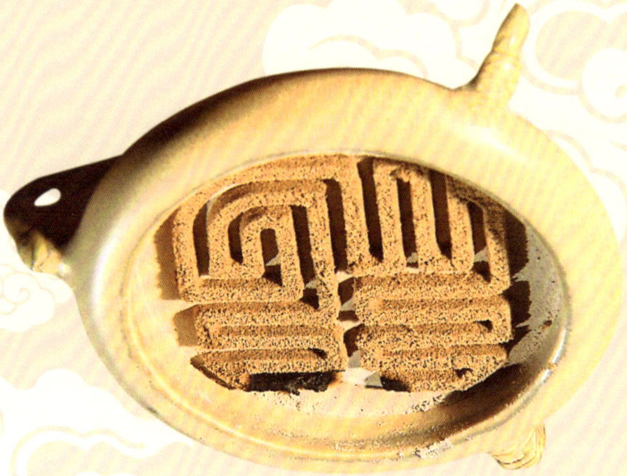

第三章

药香的种类及使用方法

第一节　焚爇类药香

第二节　鼻息法门及外用药香

第三节　香制丹药

第四节　佩戴类药香

第五节　居室用药香

第六节　饮食类药香

第七节　美容类香

第八节　锭子药

第一节　焚爇类药香

　　焚爇类香是最为常见的香品种类。通过加热，使香药中的气味挥发是最为直接快捷的方式。并且香品焚烧时产生的烟气，也一直被古人视为能沟通天地、与神明共语的通道，佛家还有观烟气入定的法门。焚爇类的药香最为常用，其种类也最为繁复。

　　从时间上看，古人最早焚烧香药应该是将兰草、泽兰一类的香草直接点燃使用，主要用于祭祀。从战国时期起，熏香才作为上层社会的一种生活习惯而流行，当时所熏香品的形态难以考证，但根据出土的香炉来看，似乎应是将香药直接放入香炉中点燃使用的。

　　后来合香的出现，使得焚爇类香的形态出现了很大改变，香丸、香饼成为主流，燃香的方法也以隔火熏香为主。香丸、香饼都是经过合香后，用一定的模子或手工捏塑的方法制成的。隔火熏香的方法大致是在香炉中放上香灰，再在香灰中埋入香炭，在香炭之上放置隔火片，最后将香丸或者香饼放在隔火片上。宋代，这种香品在文人中极为流行，甚至出现以金箔为衣包裹香丸，用以馈赠亲友的现象，可见香丸的贵重和制香者对其的珍爱。

▲　制作好的香丸

▲ 香篆

　　另有一种香篆，是用香粉回旋盘绕成一个连笔的"篆"字。点燃时，沿笔画的顺序燃尽香。这种香篆一般用特别的模具——香印做成。古人焚爇香篆，除了取芬芳雅意之外，更将香篆作为一种计时的工具。早在唐代，宫廷中就出现了一种被称为"五孕祥云"的香篆计时用具，又叫香篆钟，即梅花形黄铜盘，盘内有梅花五瓣，各缭绕着一圈盘香，用于计时焚薰。到了宋代，出现了"午夜香刻"。宣州石刻记载："穴壶为漏，浮木为箭，自有熊氏以来尚矣。三代两汉迄今遵用，虽制有工拙而无以易此……熙宁癸丑岁，大旱夏秋无雨，井泉枯竭，民用艰饮。时待次梅溪始作百刻香印以准昏晓，又增置午夜香刻如左：福庆香篆，延寿篆香图，长春篆香图，寿征香篆。"到了元代，天文学家郭守敬还制作过"屏风香漏"，通过燃烧时间的长短来对应相应的刻度以计时。此外，笔者家中传下的一款子午香，也如此类，要于大年初一的子时点到午时，以求吉庆安康。

　　线香和签香出现得较晚。一般认为从宋代开始有线香，但线香被广泛使用，还要到明代中后期以后。线香是由香泥压制成条状物后切割形成的。签香则是以竹或木质品为芯制作的。由于线香和签香使用方便，所以到清代后，成为焚爇类香的主流。并且随着香形的改变，没有盖的香炉也逐渐增多。

此外，还有盘香、塔香等，做法与线香相似，只是定形的方式不同。

第二节 鼻息法门及外用药香

药香作为具有药用功能的制品，不仅可以通过芬芳的气味调养心性，令人心情愉悦，更可以直接作用于人体，起到治疗、保健的作用。由于香药普遍具有温辛走窜的作用，所以中医外治法大量使用了药香，特别是中医鼻息法门中，可以说绝大部分的药物都可以归入药香的范畴。

鼻息法门，就是以口鼻呼吸为给药途径，达到治病疗疾的作用。鼻子一直被古人视为主导生命力量的重要器官。孟子曾言："……鼻之于臭也，四肢之于安佚也，性也。有命焉，君子不谓性也。"[1]李维桢在《香乘》中对此句解释为："以鼻之于臭为性，性之所欲，不得而安于命。"[2]就是说，人天性喜香，就像木之向阳，蝶之恋花，只有顺其性而养之，才能有神清气正的养生功效。又如《颜氏香史》记载："不徒为熏洁也，五脏惟脾喜香，以养鼻通神，观而去尤疾焉。"所以，中医的鼻息法门就是用以香养鼻的方法达到祛病强身的作用。

《黄帝内经》云："西方白色，入通于肺，开窍于鼻。"[3]如果鼻窍通畅，则肺气通利，如严氏《济生方》中写道："鼻者肺之所主，职司清化，调适得宜，则肺脏宣畅，清道自利。"[4]而鼻不仅只与肺经有关，《黄帝内经》说："夫十二经脉三百六十五络，其气血皆上走于面，而走空窍。其宗气上出于鼻而为臭。"[5]因面部为诸阳所聚，鼻居于面部中间，所以其周围的经脉多属阳经，而全身的阴经又与阳经交于鼻窍，所以《景岳全书》道："鼻为肺窍，又曰元牝。乃宗气之道而实心肺之门户，故经曰：心肺有病而鼻为之不利也。然其经络所至专属阳明，自山根以上，则连太阳督脉，以通于脑，故此数经之病皆能及之。"[6]窦汉卿在《疮疡全书》中写道："鼻居面中，为一身之血运，而鼻孔为肺之窍，其气上通于脑，下行于肺。若肺气清，气血流通，百病不生。肺气盛，一有阻滞，诸病生焉。"所以鼻息法门，就是利用药物通鼻窍，利清气，或以鼻窍为途径，引导药物入全身诸经脉，进而达到调脏腑的目的。

鼻息法门又可以细分为吹、塞、涂、灌、探、嗅、熏、闻八种方法，其中又以吹、塞、嗅最为常见。这几种方法都属于中医外治法的手段。中医理论认为，外治之法与内治之法无异。如《理瀹骈文》言："外治之理，即内治之理。外治之药，亦即内治之药。所异者法耳，医理药性无二。"又言："草木之菁英煮为汤液。取其味乎实取其气而已……疑夫内治者之何以能外取也。不知亦取诸气而已矣。"[7]所以鼻息法门和内服汤液一样，也有精练的小方，也有配伍规制的方剂。

以鼻窍为途径，使用香药治疗疾病的记载很早就有了。马王堆汉墓出土的香枕、香囊，就是以芳香之气养鼻保健的物品。东汉张仲景所著《伤寒论》有"赤豆纳鼻"[8]的记载。晋代葛洪的《肘后备急方》载有以鼻息法门救卒中恶死的多种方法，如："取皂荚如大豆，吹其两鼻中，嚏则气通矣。"又方为："半夏末如大豆，吹鼻中。"[9]

鼻息法门，多以通窍为主。鼻窍通，则清气通畅，而若要通窍，就断不可少具有走窜之力的香药。如《医方类聚》所引《经验良方》载有"赤龙散"一方："龙脑半钱，研；瓜蒂研，十四枚；赤小豆三十粒，黄连三大茎，共为细末，研匀，每用菉豆许，临卧吹入鼻中，水出，愈。"[10]又有《儒门事亲》所载"通顶散"，方云："胡黄连、滑石研，各二钱五分，瓜蒂研，七枚，麝香研，一钱，蟾酥研，五分，上研匀，每用少许，吹入鼻内即瘥。"[11]

由于鼻息之法操作简便、安全，所以皇家向来重视此法。陈可冀

先生整理的《清宫医案集成》[12]中就有很多关于此法的记载。特别是清宫所制闻药，经常用于防病保健，或治疗慢性病症。如御医为光绪帝所拟的"松萝茶瓜蒂闻方"：

"以松萝茶一钱，瓜蒂八分研末，用时随意闻之，可通关开窍，缓解其头晕之状。为隆裕皇后所拟此方又稍作变化，以松萝茶三钱，辛夷（去毛）一钱，青黛一钱，南薄荷八分，冰片三分，僵蚕（炒）一钱，研为细面闻之，可增清肝疏风定眩之功。"

由于香药还具有芳香避瘟、解毒祛秽的作用，还有用于避瘟的闻药，如慈溪所用"避瘟明目清上散"，方为："南薄荷五钱，香白芷五钱，川大黄六钱，贯众一两二钱，大青叶一两二钱，珠兰茶一两二钱，降香四钱，明雄黄三钱（水飞），上朱砂二钱，上梅冰片一钱。先将前九味研极细末后，兑冰片，再研至无声。用时闻之。"又有"御制平安丹"，可解毒避秽，通窍化湿，即可吹鼻，亦可内服。其方为："麝香四两，灯草灰十六两，猪牙皂十二两，闹羊花八两，冰片四两，细辛四两，西牛黄二两四钱，明雄黄四两，朱砂四两，草霜四两，大腹子十两，炒苍术十两，茯苓十六两，陈皮八两，制厚朴八两，五加皮八两，藿香十二两。"

▲ 毛麝

第三节　香制丹药

金石类香药是香药中非常重要的一个门类，在古人所制丹药中，它是必不可少的成分。又因丹砂、石钟乳、硝石、雄黄、石硫黄等金石类香药，都具有安神祛邪、滋补助阳的效果，正合芳香扶正的意思，所以此类药物虽无香气，却常被划作香药之属。由此来看，多数丹药皆可归为香丹。更有丹药配合木香、乳香、麝香等树脂、动物类香药，加强其芳香走穴的药效。香丹用处甚广，可用其驻颜、驱寒、排毒、壮阳，也可驱虫。用法可内服，可佩戴，也可焚熏，是古人疗病养生的常备药品。

丹药是以金石药物经炮制合成的。道家又称其为外丹，一般指术士所制的长生之药。当然，仙丹之说虽属虚妄，但是凭"假求外物以自坚固"的理论，以丹药疗病固体，一向被古人所重视。如《周礼·天官篇》记载："疡医疗疡，以五毒攻之。"郑康成注曰："今医方有五毒之药，作之，合黄渣，置石胆、丹砂、雄黄、矾石、磁石其中，烧之三日三夜，其烟上者，鸡羽扫取用以注疮，恶肉破骨则尽出也。"[13]这应该是用药香炼制丹药治病的最早记载。到了魏晋南北朝时期，丹道盛行，丹药有了很大发展，如葛洪所撰《抱朴子·内篇》十二卷，内著"丹砂烧之成水银，积变又还成丹砂"[14]之法，开中国制药化学的先河。

如有名的香丹"五石散"，传说由张仲景首制，为治疗伤寒的良方。它由石钟乳、紫石英、白石英、石硫黄和赤石脂五味石药合成，因用此药后，须以冷食散热而又称"寒食散"。据传，三国时，何晏对此方加以改造，使"服五石散，非唯治病，亦觉神明开朗"[15]，所以魏晋之时，服食五石散为士族时尚。据传所谓魏晋风流也由此药而来：因服散后先热后冷，故需疾步"行散"，且着宽大薄衣，更觉衣袂飘飘，而有飘然出世之风。服此药又需好酒，所以魏晋名士多豪饮。

依"以毒攻毒"的理论，古人多以香丹治疗疮疖、痈疽、疔、瘘及骨髓炎等，但因丹药毒性较强，所以多制成药条、药线或膏剂、粉末外用，一般不可内服。清顾世澄所编《疡医大全》曾录红升丹："一切疮疡溃后，拔毒去腐，生新长肉，疮口坚硬，肉暗紫黑，用丹少许，鸡翎扫上，立刻红活。外科若无升降二丹，焉能立刻奏效。"又论白降丹："凡痈疽、无名大毒，每用少许，疮大者用六七厘，小者用一二厘，水调敷疮头上。初起者，立刻起泡消散；成脓者，腐肉即脱，拔毒消肿，诚乃夺命金丹也。"[16]可见丹药对治疗痈疽有奇效，即于今日，此方仍有应用。所录红升丹原料为水银一两，火硝四两，白矾二两，皂矾六钱，雄黄、朱砂各五钱。

所录白降丹原料为水银、食盐、皂矾、火硝、白矾各二两五钱，朱砂、雄黄（水飞）各三钱，硼砂五钱（一方用砂）。

香丹于古书中，还被记载有驻颜美容的功效，如明高濂《遵生八笺》所载益容仙丹，除可以辅正除邪外，还能使肌肤光润，久服，则百病不生，万邪归正。[17]其中除金石香药外，还用到片脑、薄荷、柏子肉、牛黄、哈芙蓉、甘松、粉草等香药。另录《道藏》中斑龙黑白二神丹，用到白术、沉香，服之可"美颜色，和五脏，壮精神，美须发，补羸瘦，功莫能述"。[18]

药香制作技艺

▲ 老香药

▲ 老香丹

▲ 民国年间制作的香药

第四节　佩戴类药香

　　古人认为香是有德之物，可作为修礼正德的象征，所以屈原于《离骚》中写道："纷吾既有此内美兮，又重之以修能。扈江离与辟芷兮，纫秋兰以为佩。"王逸注曰："行清洁者佩芳，德仁明者佩玉。"朱熹则注屈原之诗曰："佩服愈盛而明，志意愈修而洁也。"因为香草之芳，就如君子之德，佩戴香药，可以体现自己的美德修为，所以佩香在古代是礼数。如《礼记·内则》云："男女未冠笄者，鸡初鸣，咸盥漱、栉、纵、拂髦、总角、衿缨，皆佩容臭。"容

▲　清代香牌

臭即香囊。这段话是说古代的家居礼仪中，晚辈拜见长辈时，必须要漱口、洗手，整理发髻、衣襟，系衣带，并在衣穗上系香囊。以香囊的香气表示对长辈的恭敬，并避免自身不洁的气味冒犯长辈。除家中佩香，凡君臣相对，亲友相会，乃至日常出游访客，皆需佩香，以表示尊重。

古人经常佩戴的香饰品主要有香缨、香囊、软香、香珠以及香牌子等。

一、香缨

《礼记·内则》有"衿缨，皆佩容臭"[19]之句，"缨"指五彩丝线，以其联结香囊，则称"香缨"。因五彩缨具有辟邪逐魔、保佑平安之意，香囊又有洁身修敬之功，所以香缨多用于古时重要礼节及仪式中。《仪礼·士昏礼》记载："亲说妇之缨。"郑玄注曰："妇女十五许嫁，笄而礼之。因著缨，明有系也，盖以五彩为之。"[20]就是说古人以佩戴五彩香缨作为女子订婚的标志。《广韵·平支》也有类似记载："缡，妇人香缨，古者香缨以五彩丝为之，女子许嫁后系诸身，云有系属。"[21]

冯鉴之《续事始·拜帛》记载："妇见后故要参舅姑，即令人持香缨谘白，许见则出，不许即收之……"叶廷珪《海录碎事·衣冠服用》亦有"香缨以五彩为之，妇参舅姑，先持香缨谘之"[22]之语。可见香缨于婚俗中，是表示新妇对长辈的敬重。

二、香囊

早期的香囊是以金银所制的香毬，最早出现于汉代，流行于唐代。唐元稹《香毬》云："顺俗唯圆转，居中莫动摇。爱君心不侧，犹讶火长烧。"[23]可见其设计精巧。此物也称"香囊"。如《一切经音义》云："香囊，香袋也。案香囊者，烧香圆器也。智巧机关，转而不倾，另内常平。集训云：有底袋也。"[24]因香毬可运转不倾，故也可随身携带。宋陆游《老学庵笔记》云："京师承平时，宗室戚里岁时入禁中，妇女上犊车，皆用二小鬟持香毬在旁，而袖中又自持两小香毬。车驰过，香烟如云，数里不绝，尘土皆香。"[25]

宋代以后所佩香囊多以绢袋或纱囊等丝布收纳，所选布料颜色多由香药属而定。如《香乘》所载"梅萼衣香"："丁香二钱，零陵香一钱，檀香一钱，舶上茴香五分（微炒），木香五分，甘松一钱半，白芷一钱半，脑麝少许。上同锉，候梅花盛开，晴明无风雨，于黄昏前，择未开含蕊者，以红线系定，至清晨日未出时，连梅蒂摘下，将前药同拌阴干，以纸裹，贮纱囊，佩之旖旎可爱。此香非止气味馥郁清爽，以纱囊贮之，微透梅红，令此囊娇俏可玩，佩之于身，不仅可得香风，更有姣色。"[26]

香囊除用于随身佩戴，也可用于车辇装饰。《宋史·舆服》载："太祖建隆四年，翰林学士承旨陶谷为礼仪使，创意造为大辇：赤质，正方，油画，金涂银叶，龙凤装……四角龙头衔香囊，顶轮施耀叶。中有银莲花坐龙，红绫里，碧牙压帖。内设圆鉴，银丝香囊，银饰勾阑、台坐，红丝绦网，衯裙。"[27]又《杜阳杂编》记同昌公主所乘步辇："咸通九年，同昌公主出，降宅于广化里。公主乘七宝步辇，四面缀五色玉香囊，囊中贮辟寒香、辟邪香、瑞麟香、金凤香，此香异国所献也。仍杂以龙脑，金屑刻镂，水晶玛瑙，辟尘犀，为龙凤花其上，仍络以真珠、玳瑁，又金丝为流苏，雕轻玉为浮动，每一出游则芬馥满路，晶荧昭灼泡者眩惑其目。"[28]此皆皇家豪奢之举，但也可见香囊用处之广。

关于香囊，也有诸多香方，仅《香乘》所载佩戴香即有三十余种。还有很多香方，兼具熏燃、佩戴两种用法，如《陈氏香谱》所记"梅花香"即载"尤宜佩戴"，"春消息"一方亦载"兼可佩戴"[29]；《香乘》所记"蔷薇衣香"则"可佩可爇"[30]。

▲ 清代香囊

三、软香

宋时，另有一种软香，因其轻软不易冻结，所以不仅可以焚爇，更可以佩戴，或贴在扇柄上把玩。《香乘》载有软香方13种。其方多以沉香及金颜香为主，辅香为檀香、白檀香、丁香等，也有加龙脑、麝香的，多以苏合油黏合，也有用黄蜡的。

《香乘》所记"软香沈"方可有多种用途："丁香一两（加木香少许，同炒），沉香一两，白檀二两，金颜香二两，黄蜡二两，三柰子二两，心子红二两（作黑不用），龙脑半两或三钱可，苏合油不计多少，生油不计多少，白胶香半斤（灰水于沙锅内煮，候浮上掠入凉水，搦块再用，角水三四碗，复煮以香白为度，秤二两香用）。上先将蜡于定磁碗内熔开，次下白胶香，次生油，次苏合，搅匀。取碗置地，候温入众香，每一两作一丸，更加乌笃褥一两，尤妙。如造黑色者，不加心子红入香，墨二两烧红为末，和剂如常法，可怀、可佩、置扇柄把握极佳。"[31]

因软香酷寒不冻，芬芳宜人，所以在宋元时颇为流行，受到文人雅士的特别喜爱。宋末词人詹玉曾作《庆清朝慢》词，以谢其友熊纳斋馈软香之礼，更以软香喻美人：

红雨争妍，芳尘生润，将春都揉成泥。分明蕙风薇露，持搦花枝。款款汗酥薰透，娇羞无奈湿云痴。偏厮称，霓裳霞佩，玉骨冰肌。

梅不似，兰不似，风流处，那更著意闻时。蓦地生绡金扇底，嫩凉浮动好风微。醉得浑无气力，海棠一色睡胭脂。闲滋味，殢人花气，韩寿争知。[32]

四、香珠

香珠由香药所制，多枚香珠串联则名数珠。香珠制法出于道家，《陈氏香谱》记载："香珠之法，见诸道家者流，其来尚矣。若夫茶药之属，岂亦汉人含鸡舌香之遗制乎。兹故录之，以备见闻，度几免一物不知之意云。"[33]香珠可由整块香药模切而成，如《武林旧事》记载禁中"室内纱橱后先皆悬挂伽兰木、真蜡龙涎等香珠百斤"[34]。但是寻常人家难得如此珍贵的整块香材，所以也如同合香的方法，将各种香粉制为香泥后抟之成形。

《香乘》所录"孙功甫廉访木犀香珠"，其制法颇为繁复："木犀花，蓓蕾未全开者，开则无香矣。露未时，用布幔铺，如无幔，净扫树下地面。令人登梯上树，打下花蕊，择去梗叶，精拣花蕊。用中样石磨磨成浆，次以布复包裹，榨压去水。将已干花料盛贮新磁器内，逐旋取出，于乳钵内研，令细软。用小竹筒为则度，筑剂或以滑石平，片刻窍取则手搓员如小钱大，竹签穿孔置盘中，以纸四五重衬，借日傍阴干，稍健，可百颗作一串，山竹弓挂当风处，吹八九分干取下，每十五颗以洁净水略略揉洗，去皮透青黑色，又用盘盛于日影中映干，如天阴晦，纸隔之于慢火上焙干，新绵裹收时时观，则香味可数年不失。"[35]

更有简便制法，如《香乘》所载"香珠二"："零陵香（酒洗），甘松（酒洗），木香（少许），茴香（等分），丁香（等分），茅香（酒洗），川芎（少许），藿香（酒洗，此物夺香味，少用），桂心（少许），檀香（等分），白芷（面裹煨熟，去面），牡丹皮（酒浸一日，晒干），三奈子（如白芷，制少许），大黄（蒸过，此项收香味且又染色，多用无妨）。上件圈者少用，不圈等分，如前制度，晒干和合为细末，用白芨和面打糊为剂，随大小圆趁湿穿孔，半干用麝香稠调水为衣。"

以十八颗香珠穿成的又叫十八子，是佛教中的一种法器。这种香珠可由香泥制成，也有以香木直接雕琢而成的。如故宫博物院所藏迦南香手串，共十八颗迦南香珠，每珠四面镶珠玑，两面镶白米珠，两面包金米珠，又以米珠串为六组，呈圆柱形，间于香珠间，配以翡翠佛头、碧玺牌、蓝宝石坠、珊瑚托等物，其精巧奢华至极。还有以菩提子制成的佛珠，在其中孔内灌入檀香，成为"灌香子"。

▲ 沉香手串

第五节　居室用药香

屈原在《九歌》中写道："苏壁兮紫坛，播芳椒兮成堂。桂栋兮兰橑，辛夷楣兮药房。罔薜荔兮为帷，擗蕙櫋兮既张，白玉兮为镇，疏石兰兮为芳。芷葺兮荷屋，缭之兮杜衡。合百草兮实庭，建芳馨兮庑门。"[36]描绘的就是一个以香为屋、用香装点的理想居所。古人居室用香，一则为追求芬芳之气，令自己身心愉悦，一则用其达到祛病强身的作用。

一、以香建屋

古代皇家贵戚，有用香建屋的。如《洞冥记》所载汉武帝造柏梁台，"柏香达于数里；又造灵波殿七间，皆以香桂为柱，风吹则香自发。"[37]至隋唐时，唐玄宗宠臣杨国忠建有"四香阁"，以沉香为阁，以檀香为栏，以麝香、乳香筛土成泥，为墙壁，故名"四香阁"，每到春时，即邀宴于此阁赏芍药，壮丽无比。而以香药涂壁，不仅可令居室芬芳，更可借香药温热之意。比如古时以椒房作为后妃的代称，即源于汉时皇后居室，以花椒和泥涂壁，取温芳多子之意。

二、厕香

因为香有避秽除恶、洁净香身的作用，今天的卫生间也常用芬芳剂或精油等以遮掩秽气。古人早已经习惯在厕中用香，不仅可祛腐味，更有调神的功效。至于富家大族、文人墨客如厕用香，则更为讲究。据《世说新语》[38]记载，石崇家中如厕，有十余婢侍列，手执香囊，皆着丽服，室中置甲煎粉、沉香汁之属，无不毕备。如厕后，更为客人换新衣。可见奢靡已极。

三、灯烛香

唐温庭筠《池塘七夕》有"香烛有光妨宿燕，画屏无睡待牵牛"[39]之句。以香制烛，不仅可以挥发香气，更有安神的功效。皇家所制香烛往往会用到龙涎香、沉香等名贵香药，如宋叶绍翁《四朝闻见录》记载："宋徽宗政和、宣和年间，因宫中以河阳花蜡烛无香为恨，遂用龙涎、沉香、龙脑屑灌蜡烛，列两行，数百支，焰光香潎，钧天之所无也。后高宗南渡，国力见弱，遂无力为此。因为太后称寿，故依宣和年间故事制香烛，然仅列十数炬。太后阳若不闻，谓上曰：'你爹爹每夜常设数百支，诸人阁分亦然。'又谓宪圣曰：'如何比得爹爹富贵？'可想宣和年间香烛之盛。"[40]

第六节　饮食类药香

药香除可作为药物服用，也可用于制作饮料食物。比如饮子、熟水、渴水等古人常用的保健饮料，都有以香药为主料的名方。

一、香饮

唐代《大业杂记》所载"五香饮"[41]颇为知名。隋仁寿间筹禅师，常在内供养，造五香饮。第一沉香饮，次檀香饮，次泽兰香饮，次丁香饮，次甘松香饮，皆有别法，以香为主。宋代《圣济总录》载"五香饮"方："沉香、木香、鸡舌香、熏陆香各一两，麝香三分（研），连翘二两。上六味，除五香各捣研为末外，粗捣筛，每服三钱匕（注：匕，古人取食的器具），水一盏半，煎至一盏，去滓入五香末一钱半匕，再煎至八分，温服不拘时。治咽喉肿痛，及走马喉痹。"[42]

因为沉香性温，无毒，被称为香中君子，所以饮子中常用，尤其适于小儿服用。如《圣济总录》《普济方》《幼幼新书》《活幼心书》都载有"沉香饮"方。现将《圣济总录》"沉香饮"三则摘录如下。

之一

沉香半两，大腹三分（炮，锉），木香半两，羌活半两（去芦头），萆薢三分，牛膝三分（去苗，酒浸），黄耆半两（细锉），泽泻半两，熟干地黄半两（焙），桑螵蛸半两（炒），当归一分（焙），芍药一分（炒），磁石一两（醋淬），天雄一两（炮裂，去皮脐），续断一两。

上咀，如麻豆大。每服五钱匕，水一盏半，加生姜半分（切），煎至八分，去滓，食前温服，每日两次。

主治肾虚，小腹急满，骨肉干枯，阴囊湿痒。

之二

沉香一两，芍药一两（洗，焙），槟榔一两（锉），青橘皮一两（浸，去白，切，焙），附子一两（炮裂，去皮），茴香子一两（炒），桂半两（去粗皮），吴茱萸半两（汤洗，焙干，炒）。

上咀，如麻豆大。每服三钱匕，水一盏，煎七分，去滓，不拘时候温服。

主治肾脏积冷，气攻心腹痛，四肢逆冷，不思饮食，或吐冷沫，面青不乐。

之三（又名沉香散）

沉香一两，白蒺藜一两（炒去角），补骨脂一两（炒令香），巴戟天一两（去心），酸枣仁一两（炒），五味子一两（炒），泽泻一两，磁石一两（煅，醋淬七度），桂一两（去粗皮），人参一两，陈橘皮一两（去白，焙），枳壳一两（去瓤，麸炒），牛膝一两（切，酒浸，焙），芍药一两，石斛一两（去根），鳖甲一两（醋炙，去裙襕），槟榔三两，桑螵蛸三两，肉苁蓉二两（酒浸，切，焙），当归二两（切，焙），柴胡二两（去苗），黄耆二两（锉，炒），川芎三两，附子一两半（炮裂，去皮脐）。

上锉细。每服五钱匕，水一盏半，加生姜五片，煎取八分，去滓，空心温服。

主治五劳七伤，肾气虚乏。

除沉香外，丁香、檀香、木香等多数香药皆可制香饮。如《玉案》所录"二香饮"："广木香一钱，当归一钱，香附一钱，川芎一钱，青皮一钱二分，牡丹一钱二分，枳壳一钱二分，生地一钱二分，蓬术一钱二分。加生姜三片，水煎，空心服。主治临经时肚腹疼痛。"

二、熟水

熟水即开水，宋以后，熟水也指以药物煎泡的养生饮品。宋元时，常用的熟水方有沉香熟水、丁香熟水、豆蔻熟水、紫苏熟水等。明代熟水则多用复方配伍，更重祛病保养的功效。熟水制法不同于香饮，可不用水煎，而以药物投入沸水。

明代《竹屿山房杂部》所记"造熟水法"："夏月，凡造熟水，先倾百沸滚汤在瓶内，然后将所用之物投入，密封瓶口，则香倍矣。若以汤泡之，则不甚香，若用来年木樨或紫苏，须略向火上炙过方可用。"[43]《竹屿山房杂部》所载"豆蔻熟水"，即依此法而成："白豆蔻拣净投入沸汤瓶中，密封片时，用之极妙，每次用十个足矣，不可多，用多则香浊。"[44]明高濂《遵生八笺》亦载"豆蔻熟水"，然其为复方，工序更繁："用豆蔻一钱，甘草三钱，石菖蒲五分，为细片，入净瓦壶，浇以滚水，食之如味浓，再加热水可用。"[45]

三、渴水

渴水也是古人用以解渴保健的一种饮品，形制近似糖浆，稀释后可以饮用。《本草纲目》《农政全书》《竹屿山房杂部》等皆载有"渴水"方，如《竹屿山房杂部》所载"渴水"之方有：

御方渴水

官桂、丁香、桂花、白豆蔻仁、缩砂仁各半两，细麹、麦蘖各四两。

上为细末，用藤花半斤蜜十斤炼熟，新汲水六十斤，用藤花一处锅内熬至四十斤，生绢滤净，用小口甏一个，生绢袋盛前项七味末，下入甏，再下新水四十斤，并已炼熟蜜，将甏口封了。夏五日，秋春七日，冬十日熟。若下脚时春秋温，夏冷，冬热。

林檎渴水

林檎微生者不计多少擂碎。以滚汤就竹器里定放擂碎，林檎冲淋下汁。滓无味为度。以文武火熬常搅勿令煿了。熬至滴入水不散。然后加脑麝少许，檀香末尤佳。

又法

将林檎破开，去心核，用净器内捣破，布绞取汁，再将滓重捣极烂，放竹器中以滚汤冲淋，尝滓无味，煎法同上。

五味渴水

北五味子肉一两为率。滚汤浸一宿。取汁同煎，下浓豆汁对当至颜色恰好。同炼熟蜜对入。酸甜得中。慢火同熬一时许。凉热任用。[46]

四、香茶

除用药香制作饮品外，香还可以用于制茶。宋代饮茶，流行茶中入香。如宋庄绰《鸡肋编》记载："入香龙茶，每斤不过用脑子一钱，而香气久不歇，以二物相宜，故能停蓄也。"[47]宋代北苑贡茶就以此为特色，如蔡襄云："茶有真香，而入贡者微以龙脑合膏，欲助其香。"茶中加入香药，不仅可以增味，更让茶具有新的调理功效，所以香茶在宋代公府、民间皆极为流行。宋代香茶所加香药，多为龙脑、麝香、檀香、沉香、龙涎等，如明周嘉胄《香乘》所录四款香茶方：

经进龙麝香茶

白豆蔻一两（去皮），白檀末七钱，百药煎五钱，寒水石五钱（薄荷汁制），麝香四分，沉香三钱，片脑二钱，甘草末三钱，上等高茶一斤。

上为极细末，用净糯米半升煮粥，以密布绞取汁，置净碗内放冷和剂不可稀软，以硬为度，于石板上杵一二时辰如黏，用小油二两煎沸，入白檀香三五片，脱印时以小竹刀刮背上令平。

孩儿香茶

孩儿香一斤，高茶末三两，麝香四钱，片脑二钱五分（或糠米者，韶脑不用），薄荷霜五钱，川百药煎一两（研极细）。

上六件一处和匀，用熟白糯米一升半淘洗，令净入锅内，放冷水高四指煮作糕糜，取出十分冷定于磁盆内，揉和成剂却于平石砧上，杵千余转以多为妙，然后将花脱酒油少许入剂作饼，于洁净透风筛子顿放阴干，贮磁器内，青纸衬里密封。

香茶一

上等细茶一斤，片脑半两，檀香三两，沉香一两，缩砂三两，旧龙涎饼一两。

上为细末，以甘草半斤锉水一碗，半煎取净汁一碗，入麝香米三钱和匀，随意作饼。

香茶二

龙脑、麝香（雪梨制）、百药煎、拣草、寒水石各三钱，高茶一斤，硼砂一钱，白豆蔻二钱。

上同碾细末，以熬过熟糯米粥净布巾绞取浓汁，匀和石上杵千余方脱花样。[48]

五、香酒

除以香制茶，还可以用香制酒。古人很早就开始了香酒的酿造，《诗经·大雅·江汉》有"厘尔圭瓒，秬鬯一卣"[49]句，其中的"鬯"，就是由黑黍、郁金制成的"鬯酒"。郁金是先秦时期常用的香药，加在酒中可令酒色微黄，并带有芬芳之气。《礼记·郊特牲》也记载："周人尚臭，灌用鬯臭，郁合鬯，臭阴达与渊泉。灌以圭璋，用玉气也。既灌，然后迎牲，致阴气也。"[50]就是说周人以鬯酿酒，灌于玉壶中祭祀，使酒气直达阴间。除"鬯酒"外，也有用椒、桂酿酒的，如《楚辞·九歌》云："蕙肴蒸兮兰藉，奠桂酒兮椒浆。"[51]

唐宋以后，香酒已成为酒的一个重要门类，并视作养生必用饮品，如宋代"苏合香酒"，自皇室至民间皆颇流行。明代《竹屿山房杂部》和《遵生八笺》中皆载有多种香酒制法及香曲方，所用香药已涉及草木香、木脂香、动物香等多类。

《遵生八笺》所载"建昌红酒""五香烧酒"等11种香酒配方，另有香曲方数种。所载香酒各具调理功能，如"五香烧酒"可令身心舒畅，"黄精酒""白术酒""菖蒲酒"有益寿延年之效。现将其方录于下：

五香烧酒

每料糯米五斗，细曲十五斤，白烧酒三大坛，檀香、木香、乳香、川芎、没药各一两五钱，丁香五钱，人参四两，各为末。白糖霜十五斤，胡桃肉二百个，红枣三升，去核。先将米蒸熟，晾冷，照常下酒法，则要落在瓮口缸内，好封口。待发，微热，入糖并烧酒、香料、桃枣等物在内，将缸口厚封，不令出气。每七日打开一次，仍封，至七七日，上榨如常。服一二杯，以腌物压之，有春风和煦之妙。

黄精酒

用黄精四斤，天门冬去心三斤，松针六斤，白术四斤，枸杞五斤，俱生用，纳釜中。以水三石煮之一日，去渣，以清汁浸曲，如家酝法。酒熟，取清任意食之。主除百病，延年，变须发，生齿牙，功妙无量。

白术酒

白术二十五斤，切片，以东流水二石五斗，浸缸中二十日，去滓，倾汁大盆中，夜露天井中五夜，汁变成血，取以浸曲作酒，取清服，除病延年，变发坚齿，面有光泽，久服延年。

菖蒲酒

取九节菖蒲生捣绞汁五斗。糯米五斗，炊饭。细曲五斤，相拌令匀，入磁坛密盖二十一日即开。温服，日三服之。通血脉，滋荣卫，治风痹、骨立、痿黄，医不能治。服一剂，百日后，颜色光彩，足力倍常，耳目聪明，发白变黑，齿落更生，夜有光明，延年益寿，功不尽述。[52]

六、香露

明清时期，露既作为药物，也被当成食物广泛使用。《红楼梦》里就多次出现有关香露的情节，如《红楼梦》第三十四回中就提到了木樨香露：

王夫人道："哎哟，你何不早来和我说前日倒有人送了几瓶子香露来。原要给他一点子，我怕胡糟蹋了，就没给。既是他嫌那玫瑰膏子吃絮了，把这个拿两瓶子去，一碗水里只用挑上一茶匙，就香的了不得呢。"说着就唤彩云来："把前日的那几瓶香露拿了来。"袭人道："拿两瓶来罢，多也白糟蹋。等不够再来取也是一样。"彩云听了，去了半日，果然拿了两瓶来付与袭人。袭人看时，只见两个玻璃小瓶却有三寸大小，上面螺丝银盖，鹅黄笺上写着"木樨清露"，那一个写着"玫瑰清露"。袭人笑道："好尊贵东西，这么个小瓶儿，能有多少？"王夫人道："那是进上的，你没看见鹅黄笺子，你好生替他收着，别糟蹋了。"[53]

香露是通过蒸馏技术提取的，一般认为是经欧洲传入中国的。在明万历年间，徐光启与意大利传教士熊三拔合译的《泰西水法》中就有"药露说"一篇，介绍了炼制药露的方法，成为当时药品的一种新剂型。其中写道："时医多有用药露者，取其清冽之气，可以疏瀹灵府，不似汤剂之腻滞肠膈也。""丸散皆干药合成，精华已绝。又须受变于胃，所沁入宣布，能有几何？其余悉成糟粕下坠。"[54]这无疑为中医制剂增添了非常重要的一个门类。

其实早在《泰西水法》成书之前，中国就已经有蒸馏香露的做法。比如在明周嘉胄《香乘》收录的《墨娥小录》中，就载有"取百花香水"法："采百花头，满甑装之，上以盆合盖，周回络以竹筒，半破，就取蒸下倒流香水，贮用，谓之花香。此广南真法，极妙。"[55]这就是采用简单工具进行蒸馏的一种工艺。明代末期方以智的《物理小识》中所记载的蒸馏法更为复杂："铜锅壶，底墙高三寸。离底一寸，作隔，花钻之使通气。外以锡作馏盖盖之，其状如盔。其顶圩使盛冷水，其边为通槽，而以一味流出其馏露也。作灶以砖二层，上凿孔以安铜锅，其深寸。锅底置砂，砂在砖之上，薪火托砖之下，其花置隔上，故下不用水，而花露自出。凡蔷薇茉莉柚花，皆可蒸取之。"[56]

在清宫中，香露更受到重视，专门设有"露房"。清姚元之的《竹叶亭杂记》记载："武英殿有'露房'，即殿之东稍间，盖旧贮西洋药物及花露之所。甲戌年夏，查验此房，瓶贮甚多，皆丁香、豆蔻、肉桂油等类。油已成膏，匙匕取之不动……旧传西洋堂归武英殿管理，故所存多西洋之药。此次交造办处而露房遂空，旧档册悉焚。于是露房之称始改矣。"[57]可见清宫用露之多。现在故宫博物院中也还存有大量用于提取、蒸馏香露的工具以及未开封的各种香露。

第七节　美容类香

香品、香药一直是古人美容、化妆的主要用品，可以用于洗脸、洗澡，还可以做成涂抹的面脂、口脂、傅粉和润发的头油。用香药美容，不仅可以达到清洁皮肤、美白润泽的功效，一些药香还具有治疗皮肤疾病的作用。

上古时，古人用香草泡汤沐浴，认为可以祛病、祛邪，所以在祭祀前要用香汤沐浴。如《夏小正》记载："五月……蓄兰为沐浴也"[58]，《周礼·春宫》记载："女巫，掌岁时祓除衅浴。"郑玄注云："衅浴，谓以香熏草药沐浴。"[59]屈原于《九歌·云中君》中写道："浴兰汤兮沐芳，华彩衣兮若英。"[60]描绘的就是女巫祭祀时沐浴的情景。后来，用香药沐浴成为香体美颜的一种方法，特别是皇家沐浴，用香极为奢华。据《赵后外传》[61]所载，飞燕以五蕴七香汤沐浴，合德则沐以豆蔻汤。东晋王嘉《拾遗记》中还记有裸游馆的故事：汉灵帝用西域供奉的茵墀香煮汤，宫人用此汤浴浣后，将残水流入渠中，渠名曰"流香渠"。[62]寻常富家贵族则多用澡豆、皂荚、胰子、香皂等物洗浴，有些讲究的，要在其中加香药，不仅可令肌肤芳香，而且能养颜美白，有的更具祛斑、消粉刺、除皱等奇效。

一、澡豆

澡豆以豆粉为主，另掺以多种草药及香药配伍而成，最早见于东汉，后流行于世家大族中，是宋代以前士绅净面洗浴必备之物。南北朝刘义庆《世说新语》中载有一则关于澡豆的笑话："王敦初尚主，如厕……既还，婢擎金澡盘盛水，琉璃碗盛澡豆，因倒着水中而饮之，谓是干饭。群婢莫不掩口而笑之。"[63]王敦士族出身，又是朝中驸马，却将澡豆误认为干饭，以致遭到婢女嘲笑，可见在魏晋南北朝时，澡豆还属稀罕奢侈之物。唐代时，澡豆已成为贵族家中必备的美容洗浴用品，男女皆用。孙思邈的《千金翼方》中曾言："面脂手膏，衣香澡豆，仕人贵胜，皆是所要。"[64]

唐代澡豆方很多，如孙思邈的《备急千金要方》《千金翼方》，韩鄂的《四时纂要》等均有所录。其中以美白为主的药方最为多见，如《千金翼方》中所载澡豆方："白鲜皮、鹰屎白、白芷、青木香、甘松香、白术、桂心、麝香、白檀香、丁子香各三两，冬瓜子五合，白梅三七枚，鸡子白七枚，猪胰三具，面五升，土瓜根一两，杏仁二两（去皮）。上十七味，以猪胰和面，曝令干，然后诸药捣散，和白豆末三升。"

用此方洗手面，据说可以"十日如雪，三十日如凝脂，妙无比"。除美白用的澡豆方外，还有去臭气、皱纹、粉刺、酒糟鼻的澡豆方。

二、肥皂

制作澡豆需用豆粉。古人认为用粮食美容，有与人争食之嫌，所以寻常百姓多用皂荚、肥皂等物代替澡豆。《竹屿山房杂部》[65]曾记述"肥皂""皂角""猪牙皂角""香皂"四果荚，均可"洗油腻，甚益粉黛"。自南宋后，以肥皂荚制固体皂开始流行，并且在其中加入多种香药，所以有"香皂"一说。世家大族所用香皂，如同澡豆，也配入珍贵药物，甚至用到沉麝檀脑等名贵香药，以达到香肌润肤，并且遮掩皂荚中涩味的目的。

明万历年间胡文焕所辑《香奁润色》中记有一款"香肥皂方"："甘松、藁本、细辛、茅香、藿香叶、香附子、三奈、零陵香、川芎、明胶、白芷各半两，楮实子一两，龙脑三钱（另研），肥皂半斤（不驻者，去皮），白蔹、白丁香、白芨各一两，栝蒌根、牵牛各二两，绿豆一斤（酒浸，为粉）。上件先将绿豆并糯米研为粉，合和入朝脑为制。"并言："此方洗面，能治靥点风刺，常用令颜色光润"。[66]

清宫中有"加味香肥皂方"，具润泽肌肤、延缓衰老之效，且香气浓郁，可嫩面玉容，是慈禧太后的最爱。光绪朝《老佛爷用药底簿》中载有此香皂方："檀香三斤，木香九两六钱，丁香九两六钱，排草九两六钱，广陵九两六钱，皂角四斤，甘松四两六钱，白莲蕊四两六钱，山柰四两八钱，白僵蚕四两八钱，麝香八钱，冰片一两五钱。共研极细面，红糖水合，每锭重二钱。"清德龄《御香缥缈录》[67]曾记载，慈禧太后至晚年，肌肤仍若少女般润滑白净，大抵有此香皂之功。

▲ 澡豆和澡豆模子

三、香泽

香泽是古人用来润发、香发的物品，明清时又叫作头油。王夫之的《楚辞通释》中写道："芳泽，香膏，以涂发。"[68]《诗经》中有"岂无膏沐，谁适为容"句。朱熹注："膏，所以泽发者。"[69]可见头油很早就使用了。先秦时期，香泽多用兰、蕙为原料，所以又称为"兰泽"，如宋玉的《神女赋》中有"沐兰泽，含若芳"[70]句。到了汉代以后，香泽的制作工艺和药物配伍讲究更多，如东晋葛洪《肘后备急方》中所录香泽方，以草本香药为主，并凭火煎，以催化药力，工序比较繁复："青木香、白芷、零陵香、甘松香、泽兰各一分，用绵裹。酒渍再宿，内油里煎再宿，加腊泽斟量硬软即火急煎。着少许胡粉胭脂讫，又缓火煎令粘极，去滓作梃，以饰发，神良。"[71]

北魏贾思勰《齐民要术》中所载"合香泽法"则更为繁复："好清酒以浸香（夏用冷酒，春秋温酒令暖，冬则小热）。鸡舌香（俗人以其似丁子，故为"丁子香"也）、藿香、苜蓿、泽兰香，凡四种，以新绵裹而浸之（夏一宿，春秋再宿，冬三宿）。用胡麻油两分，猪脂一分，内铜铛中，即以浸香酒和之，煎数沸后，便缓火微煎，然后下所浸香煎。缓火至暮，水尽沸定，乃熟（以火头内泽中作声者，水未尽；有烟出，无声者，水尽也）。泽欲熟进，下少许青蒿以发色。以绵幂铛嘴、瓶口，泻著瓶中。"[72]

到了宋代，桂花、茉莉等南方花卉逐渐为人们所熟识，并且因其"香之清婉，皆不出兰芷下"而成为重要香药，并多用于香泽、头油中。如《陈氏香谱》中记载的"香发木樨油"方："凌晨摘木樨花半开者，拣去茎蒂令净，高量（粱）一斗，取清麻油一斤，轻手拌匀，捺瓷器中。厚（后）以油纸密封罐口，坐于釜内，以重汤煮一饷久，取出，安顿稳燥处。十日后倾出，以手沘其清液，收之，最要封闭最密。久而愈香。如此油匀入黄蜡，为面脂，馨香也。"[73]此方中所说的木樨花即桂花，由于桂花比"烧香泽法"中所用的沉檀麝甲等香药价廉易得，所以宋以后女子最常用的头油都以桂花为主料。

四、傅粉香

　　古人化妆用的香粉也多以香药制成，如最为常用的铅粉，就是
以金石类香药调配花草香粉或其他药物烧化而成。但由于铅粉属于重
金属，常用会令脸色发青，所以最上等的香粉多以天然香药为主要原
料。如杨贵妃有"每有汗出，红腻而多香"的异状，就是因为涂有
"利汗红粉香"一类的香粉所致。在明周嘉胄《香乘》中录有此方：
"滑石一斤（极白无石者，水飞过），新红三钱，轻粉五钱，麝香
少许。上件同研极细，用之。调粉如肉色为度，涂身体、香肌、利
汗。"[74]

▲ 民国年间的香粉

五、面脂香

古时女子化妆，洁面后要先涂以面脂，然后傅粉。面脂也称面药、面膏，除滋润皮肤外，还兼有美白、去皱、祛斑等功效。如唐孙思邈《备急千金要方》中录有多款面脂方，多用香药配伍，以美白为主的"五香散"面脂方："荜豆四两，黄芪、白茯苓、萎蕤、杜若、商陆、大豆黄各二两，白芷、当归、白附子、冬瓜仁、杜衡、白僵蚕、辛夷仁、香附子、丁子香、蜀水花、旋覆花、防风、木兰、芎藭、藁本、皂荚、白胶、杏仁、梅肉、酸浆、水萍、天门冬、白术、土瓜根各三两，猪胰一具（曝干）。上三十二味下筛，以洗面。二七日白，一年与众别。" [75]

六、口脂香

口脂类似于今天的唇膏和口红。其制法类似于面脂，也多用香药调配。唐孙思邈《千金翼方》《备急千金方》及王寿《外台秘要》中都记有多款口脂方。《千金翼方》中的"古今录验甲煎方"："沉香、甲香各五两，檀香半两，麝香一分，香附子、甘松香、苏合香、白胶香各二两。上八味捣碎，以蜜和，纳小瓷瓶中令满，绵幕口，以竹篾十字络之，又生麻油二升，零陵香一分半，藿香二分，茅香二分，又相和水一升，渍香一宿，着油内，微火上煎之半日许，泽成去滓，别一瓷瓶中盛，将小香瓶覆着口，入下瓶口中，以麻泥封，并泥瓶浓五分，埋土中，口与地平，泥上瓶讫，以糠火微微半日许着瓶上放火烧之，欲尽糠，勿令绝，三日三夜煎成，停二日许得冷，取泽用之，云停二十日转好，云烧不熟即不香，须熟烧，此方妙。" [76]此方所写，也是"甲煎口脂"的普遍制法。为便于使用，唐代口脂制成圆柱状，形近今天的口红。《外台秘要》还载有制口脂模具法："取竹筒合面，纸裹绳缠，以熔脂注满，停冷即成口脂，模法取干竹径头一寸半，一尺二寸锯截下两头，并不得节坚头，三分破之，去中，分前两相着合令蜜，先以冷甲煎涂摸中合之，以四重纸裹筒底，又以纸裹筒，令缝上不得漏，以绳子牢缠，消口脂泻中令满，停冷解开，就模出四分，以竹刀子约筒截割令齐整，所以约筒者，筒口齐故也。"[77]

第八节　锭子药

锭子药是一种块状药香的统称，为清宫用药的一大特色。由于所用香药不同，作用也不尽一样，但大体具有去暑、辟邪、防病等功效。清宫档案中记载的锭子药主要有紫金锭、蟾酥锭、盐水锭、离宫锭、坎宫锭、万应锭、赤金锭和清鱼锭等。它主要用于佩戴，或于特殊情况下服用，是清宫极为常用的保健类用品。锭子药一般由多种香药合成的药粉压制而成，有的锭子药由雕工精致的模具压制，如现存有张天师像锭子。而为了追求佩戴美观，甚至有在锭子药上加以点缀装饰或用朱砂包衣的。锭子药由于具有保健防病的作用，又可以用于中暑惊厥时救急，所以皇帝往往将锭子药作为给后宫以及大臣们的赏赐，成为联络君臣感情的重要物品。如《红楼梦》中就写到，贾元春在端午节时派太监给家里女眷送赐物，其中就有锭子药。

锭子药作为一种药物，一般由御药房制作，有时也派御医监督造办处制作。由于清宫所制锭子药数量极大，造办处还会临时设立锭药作，专门赶制。锭子药的方子也很多，现将《清宫医方底案》中收录的部分方子摘录如下：

蟾酥锭

雄黄八两，朱砂一两，蜗牛二两，冰片一钱，麝香五分。

共为细末，蟾酥为锭，银朱为衣。

太乙紫金锭

文蛤末二斤，大戟末一斤，山慈姑末一斤六两，麝香三两，千金子十两，朱砂末六两（外加一两），雄黄末二斤半。

共为细末，糯米面打糊为丸。

赤金锭

火硝八两，漳丹一两，黑矾一两，朱砂五分，黄丹五分。

依法炮制。但此药不可多服，以三四分为度。

治诸凡痧症腹痛、绞肠痧、乌痧，服用刀割细末少许，男左女右，点大眼角，汁出即愈。

治喉闭、双蛾、单蛾，用新水研少许服之，或刮细末吹之。

治暴发火眼，频擦大眼角。

治受暑恶心，欲吐不吐，滚水研少许服之。

治无名肿毒，蝎蜇虫咬，水研，敷患处，立效。

万应锭

胡黄连一斤半，黄连一斤半，牛黄五钱，儿茶一斤半，熊胆一两，冰片五钱，麝香五钱，徽墨一斤，牛乳八两。

拔毒锭

白芨一两，白蔹一两，南星二两，牙皂一两五钱，花粉一两五钱，射干一两，白芷二两，全蝎二两，雄黄五两，山甲二两五钱，蟾酥一两，血竭二两，冰片五分，麝香三分，细辛一两，生军二两，三宝花二两，木通一两，川连二两，山栀二两（炒），防风一两，泽泻一两，草梢五分，白梅花三两，乳香二两，没药二两。

共为细末，用木瓜酒黏为锭。

清鱼锭

白芷二两，南星一两，牙皂一两五钱，射干一两，白薇一两，全蝎二两，雄黄四两，山甲二两五钱，蟾酥二两，血竭二两，冰片五分，麝香三分，细辛一两，生军二两，银花二两，木通二两，防风一两，泽泻一两，草梢五钱，白梅花三两，川连一两，炒栀二两。

好木瓜酒合锭。

紫金锭

文蛤一斤，大戟八两，光菇十一两，千金子五两，雄黄二两七钱五分，朱砂三两，麝香一两五钱。

共研极细面，用江米十二两蒸糊，将药对面糊拌匀，用大木棍椎至滋润为度成锭。

坎宫锭子

京墨一两，胡黄连二钱，熊胆三钱，麝香五分，儿茶二钱，冰片七分，牛黄三分。

上七味为末，猪胆汁为君，加生姜汁，大黄水浸取汁。酽醋各少许，合药成锭，用凉水磨浓，以笔蘸涂之。

离宫锭子

血竭三钱，朱砂二钱，胆矾三钱，京墨一两，蟾酥三钱，麝香一钱五分。

上六味为末，凉水调成锭，凉水磨浓涂之。

不难看出，在以上锭子药方中，香药都占有重要成分。

注释：

[1] [宋]朱熹：《四书章句集注》，中华书局1983年版。

[2][26][30][31][35][48][55][74] [明]周嘉胄著，日月洲注：《香乘》，九州出版社2014年版。

[3][5]姚春鹏译注：《黄帝内经》，中华书局2009年版。

[4] [宋]严用和：《济生方》，人民电子军医出版社2011年版。

[6] [明]张景岳：《景岳全书》，山西科学技术出版社2006年版。

[7] [清]吴尚先著，孙洪生译：《理瀹骈文》，中国医药科技出版社2011年版。

[8] [汉]张仲景：《伤寒论》，人民卫生出版社2005年版。

[9] [晋]葛洪著，王均宁译：《肘后备急方》，天津科学技术出版社2011年版。

[10] 盛增秀：《医方类聚》，人民卫生出版社2006年版。

[11] [金]张子和：《儒门事亲》，人民卫生出版社2005年版。

[12] 陈可冀：《清宫医案集成》，科学出版社2009年版。

[13][59] [清]孙诒让：《周礼正义》，中华书局1987年版。

[14] 王明：《抱朴子内篇校释》，中华书局1985年版。

[15][38][63] [南朝宋]刘义庆著，里望译注：《世说新语》，山西古籍出版社2004年版。

[16] [清]顾世澄：《疡医大全》，人民卫生出版社1987年版。

[17][45][52] [明]高濂、王大淳：《遵生八笺》，人民卫生出版社2007年版。

[18] 《道藏》，上海书店1988年版。

[19][50] [清]孙希旦撰，沈啸寰、王星贤点校：《礼记集解》，中华书局1989年版。

[20] [汉]郑玄注，[唐]贾公彦疏，王辉点校：《仪礼注疏》，上海古籍出版社2008年版。

[21] 周祖谟：《广韵校本》，中华书局2011年版。

[22] [宋]叶廷珪：《海录碎事》，中华书局2002年版。

[23] [唐]元稹：《元稹集》，山西古籍出版社2005年版。

[24] 徐时仪校注：《一切经音义三种校本合刊》，上海古籍出版社2008年版。

[25] [南宋]陆游：《老学庵笔记》，中华书局1979年版。

[27] [元]脱脱等：《宋史》，中华书局1985年版。

[28] [晋]郭璞：《山海经注》，京华出版社2000年版。

[29] [33] [73] [宋]陈敬：《陈氏香谱》，台湾商务印书馆1983年版。

[32] 唐圭璋：《全宋词》，中华书局1965年版。

[34] [南宋]周密：《武林旧事》，中华书局2007年版。

[36] [51] [60] [宋]洪兴祖著，白化文等点校：《楚辞补注》，中华书局1983年版。

[37] [汉]郭子横著，仙谷子译：《洞冥记》，中州古籍出版社1994年版。

[39] [唐]温庭筠著，刘学锴校注：《温庭筠全集校注》，中华书局2007年版。

[40] [宋]叶绍翁：《四朝闻见录》，中华书局1989年版。

[41] [唐]韦述、杜宝撰，辛德勇辑校：《两京新记辑校·大业杂记辑校》，三秦出版社2006年版。

[42] [宋]赵佶：《圣济总录》，人民卫生出版社1992年版。

[43] [44] [46] [65] [明]宋诩：《竹屿山房杂部》，台湾商务印书馆1986年版。

[47] [宋]庄绰著，萧鲁阳点校：《鸡肋编》，中华书局1997年版。

[49] [清]方玉润撰，李先耕注解：《诗经原始》，中华书局1986年版。

[53] [清]曹雪芹著，高鹗续：《红楼梦》，人民文学出版社1996年版。

[54] [明]徐光启著，石声汉注解：《农政全书》，上海古籍出版社2011年版。

[56] [明]方以智著，侯外庐主编：《方以智全书》，上海古籍出版社1988年版。

[57] [清]姚元之、王晫撰，曹光甫注解：《竹叶亭杂记·今世说》，上海古籍出版社2012年版。

[58] 夏纬瑛：《夏小正经文校释》，农业出版社1981年版。

[61] 中国野史集成续编编委会、四川大学图书馆编：《中国野史集成续编》，巴蜀书社2000年版。

[62] [晋]王嘉：《拾遗记》，上海古籍出版社2012年版。

[64] [76] [唐]孙思邈著，李景容等校释：《千金翼方校释》，人民卫生出版社1988年版。

[66] [明]胡文焕编撰，朱毓梅、杨海燕、曲毅编著：《香奁润色》，中华书局2012年版。

[67] [清]德龄：《御香缥缈录》，文化艺术出版社2003年版。

[68] [清]王夫之：《楚辞通释》，上海人民出版社1975年版。

[69] [宋]朱熹：《诗经集传》，上海古籍出版社1987年版。

[70] [梁]萧统编，[唐]李善注：《文选》，上海古籍出版社1986年版。

[71] [晋]葛洪著，梅全喜等译：《肘后备急方今译》，中国中医药出版社1997年版。

[72] [北魏]贾思勰著，石声汉校释：《齐民要术今释》，中华书局2009年版。

[75] [唐]孙思邈：《备急千金要方》，中医古籍出版社1999年版。

[77] [唐]王焘：《外台秘要》，华夏出版社1993年版。

第四章

药香精品

第一节　药香精品总介

第二节　焚爇类香品

第三节　佩戴类香品

第四节　美容类香品

第一节 药香精品总介

　　笔者家族制作的药香，始终严格遵循祖上的制香规矩，绝对不用铁器，更不用机器，制香原料全部选自天然药品。经过多年研究，已研发出四大类百余种香品。尽管其中大多数还没有投入市场化生产，但也为我国香品研究和药香品类的丰富做出了探索性的尝试。

　　自古流传下来的各种香方很多，如果算上口服类以及佩戴类的香方，估计现在可以查到的香方有两万多个。这么多的方子肯定是做不过来的，所以只能结合古方中香品的功效与现代社会的需要，寻找最适合今天的香品。

一、禅悦香

　　禅悦香是李时亮（"药香制作技艺"市级代表性传承人）非常得意的一款香品，其意取自禅定冥思中获得的一种自然馨香，其主料为

▲ 禅悦香

紫檀。紫檀又称旃檀，《本草纲目》中记载："白檀辛温，气分之药也，故能理卫气而调脾肺，利胸膈。紫檀咸寒，血分之药也，故能营气而消肿毒，治金疮。"[1]所以，紫檀与其他香药配合，可以对改善心脑血管功能有一定的作用。

另外禅悦香也属于文人四艺香。琴、棋、书、画谓之文人四艺，古人从四艺时都要点香以静气调神。禅悦香正可起到这种功效。此香香味淡雅，又清幽致远，其烟气可于室中盘旋环绕，持久不散，观之可止心中烦恼。尽管现代生活难得有古人的那种闲适，但当我们于某个假日的午后，偶坐书斋，或是读书写字，或是品茗会友，点起一支禅悦香，可让烦乱浮躁的心情瞬时舒缓和宁静。

二、避瘟丹

避瘟丹是笔者经常赠送的宝贝。避瘟丹的方子有很多，仅清宫中的避瘟丹方子就有多个。如《慈禧光绪医方选议》中记载的方子：

▲ 避瘟丹

"生甘草一两，南苍术一两，北细辛一两，黄乳香一两。上为细末，加红枣肉半斤为园饼，如桂圆大。解毒消肿镇静。主瘟疫邪毒。"[2] 制法是："放炭火上取烟熏之，可保三日无灾，一家免难。入夏加干石膏一两，入冬加朱砂五分，春、秋不加。"此外，清吴世昌《奇方类编》、清王晋夫《医方易简集》等书中都有其不同方子的记载。但大体都用到苍术、细辛等具有驱散、避瘟作用的香药。

避瘟丹是在古方的基础上，依据制作时气候、时令的不同加以调配的，所以每年以及每个季度制作的避瘟丹方子都有所不同，作用也有所差别，比如冬季制作的避瘟丹主要用于预防流感等流行性疾病，夏季制作的避瘟丹还兼有驱虫、防蚊的功效。由于避瘟丹使用了细辛等药物，所以一般只用于佩戴。

三、香牌子

香牌子是笔者非常重视的一个香品种类。在古代，香牌子颇为常用。香牌子用料贵重，做工精致，且有一定的保健养生功效，所以佩戴香牌子，不仅体现出一种含蓄的美，更对身体有切实的好处。皇家贵戚都很热衷于此物，现在故宫博物院中还保留着不少当年皇帝准备

▲ 清代香牌子模子

▲ 香牌子正背面（李时亮制作）

赏赐给大臣的格式香牌子。

　　香牌子并不像很多人想象的那样是用某种香材直接雕刻出来的，而是像焚爇的香品一样，也需要将多种香药合成为香泥，然后用专门的香牌子模子压制出来。就像清宫中常用的各种香珠手串，除了极名贵的奇楠香手串是用香材直接雕刻的，其他手串都是通过合香制成香珠，然后串联成手串的。因为古人认为药物均有偏性，就算佩戴的饰品，最好也要做到药性平衡，才能对身体有益，所以，清宫医方中有不少关于香牌子或者香珠的方子。

　　香牌子的方子固然不好研制，但香牌子的模子更难制作。如果按照传统香牌子的制法，做出的牌子应该两面都有纹路，且要保证一定的厚度。雕刻牌子的技术虽不算很难，但十分特殊。由于香泥一般颗粒较大，且有一定的硬度，所以用雕刻糕点模子的方法制作模子很难让香牌子成形。而将一些更精致的雕刻工艺用在制作香牌子模子时，也很难发挥出精致雕工的作用，会出现做出的模子纹路不清晰的现象。由于古代香牌子用量很大，所以有专门雕刻香牌子的艺人，但是现在这门技术已经失传，这也成为恢复香牌子的一大障碍。

目前，只能依靠收集来的老模子来制作香牌子，配以自己研究的香方，制作出具有淡淡的药香味道，且有提神祛疫作用的香牌子。

四、澡豆

澡豆是宋代以前常用的洁面用品，是以豆面为主料，配以各种药材制作而成的。它不仅有清洁皮肤的作用，更具有美白、保湿、祛除皮肤色斑、暗疮等功能。后来人们认为用豆面洗脸，有与人争食之嫌，所以用更为廉价的皂角逐渐取代了澡豆。但是古代很多经典的澡豆方被继承了下来，使得肥皂同样有了古代澡豆的功效。比如慈禧常用的"加味香肥皂"，就是在古代"玉容散"方子的基础上加以增补制作的。

▲ 制作澡豆

李时亮认为，中国古代的香妆才是最天然、对人最为有益的化妆品。他也一直致力于恢复古代香妆，所以一直在做各种有关产品的实验，其中，他制作的澡豆一直被他周围的朋友热烈追捧。他做的澡豆也以"玉容散"为基础，但又增添了新意，特别是加入了红糖，使得澡豆用起来更具滋润皮肤的功效。

五、柜底砖

柜底砖是用多种天然香药合成压制的，古人把它放在衣柜底部，作为驱虫防蛀的用品，有些像今天的樟脑球。但是这种用纯天然材料制作的防虫用品不仅使用起来更加健康环保，而且久放之后，柜底砖还可以让衣柜产生特别的香味，从而长久保护衣柜。

▲ 柜底砖

六、香茶

古人一直有以香入茶的做法，最知名的有宋代的大小龙团茶，就是加入了脑麝等香药的贡茶。随着时代变迁，人们的饮茶习惯发生了很大改变，宋代的煮茶在明代以后被更为简便的泡茶所取代。李时亮依据古人制作香茶的初衷和道理，结合现代人饮茶习惯，制作了以古树普洱茶为主料，配以越南芽庄沉香以及冰片等多种香药的香茶。这款香茶具有回甘明显、清润提神、茶汤清凉的特点，而且久泡后香

▲ 香茶茶瓜

药的味道更加明显、更加清甜。尽管目前的香茶制作还只是一种探索和实验，但这种尝试无疑从另一个角度丰富了我国的制茶工艺。

七、定制香品

因为药与香同源同理，有药方也就有香方。香方的配伍与药方一样，也要依据个人的体质来制定。所以过去有很多客人都是先来香药店找大夫诊脉，然后大夫根据每个人的具体情况定制香品。由于历史原因，药香文化的断层，导致现在的人们仅仅把使用药香当作调养身

▲ 定制款药香

心的一种手段，而忽视了药香也是要对症下药的。李时亮近年来也在推行药香定制的概念，希望能把最健康、最符合人体需要的香以及用香方式介绍给全社会。

第二节　焚爇类香品

一、福尔香

功效：杀菌防疫，预防流感。

成分：主料红景天、堪巴草。明李时珍《本草纲目》中记载："红景天，本经上品，祛邪恶气，补诸不足。本香杀菌防疫，清心除秽，预防流感，依中医香疗原理，疏理经络，畅通气血。"[3]

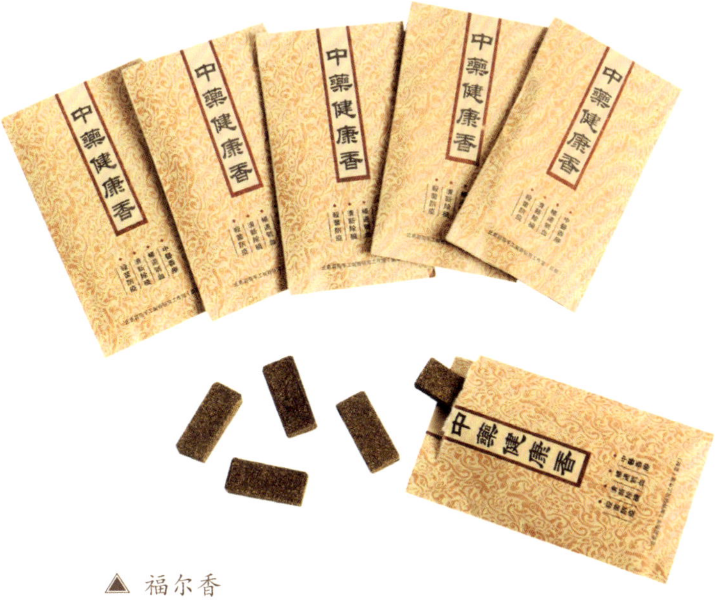

▲ 福尔香

二、醍醐香

功效：清心凝神，排除杂念，有助冥想、入静。

成分：主料老山檀，香味醇厚，闻之清心提神、排除杂念。据史

▲ 检验出窖的醍醐香

料记载，醍醐香具有独特的安抚作用，可行心温中，开胃止痛，使人气息宁静，感之以圣洁内敛、心悦诚服的王者之气。

三、竺兰香

功效：祛病除灾，养神益智，改善鼻炎。

成分：由藏红花、甘松等多种珍贵藏药制成，味道芳香，常闻可通气开窍，亦可清洁空气、杀菌消毒。

▲ 竺兰香

北京非物质文化遗产丛书

药香制作技艺

▲ 禅悦香

▲ 出尘线香

四、禅悦香

功效：静心安神，行气活血，亦可旺运生财。

成分：主料紫檀，佛家谓之"旃檀"，素有"香料之王、帝王之木"的美誉。明缪希雍《神农本草经疏》曰："紫真檀，主恶毒风毒。凡毒必因热而发，热甚则生风，而营血受伤，毒乃生焉。此药咸能入血，寒能除热，则毒自消矣。"[4]

五、出尘香

功效：净化空气，消毒杀菌。

成分：主料绿檀，味道清新。出尘，有百乐圣檀之称，通常供为吉祥之物。长燃出尘香可辟邪、求吉祥，随身佩戴邪气不侵，灵气保佑平安，福报美好人生。

六、闻思香

功效：改善睡眠、静心、安神。

成分：主料安息香，由麝香、苏合香、安息香组方并经传统方式秘制而成。据明李时珍《本草纲目》记载，药香具有安五脏、和心志、令人欢乐无忧、续筋骨之效。[5]

七、宝炉香

功效：稳定血压。

成分：主料降香（黄花梨），气味芳香。香中之清烈者也，气味浓郁甘甜，入血分而下降，宣五脏郁气，利三焦血热，止吐，和脾胃，可稳定血压。明李时珍《本草纲目》记载："降真香，俗呼舶上来者为番降，亦名鸡骨，与沉香同名。"[6]

▲ 宝炉塔香

第三节　佩戴类香品

一、香囊

功效：增强抵抗力，预防疾病。

成分：主料苍术、茵陈，按照传统古方配伍调制，由丝织品包裹。常闻其药气能有效祛除从口鼻而犯的瘟疫之气，增加抵抗力，防治多种疾病，有效遏制病毒、细菌的入侵。

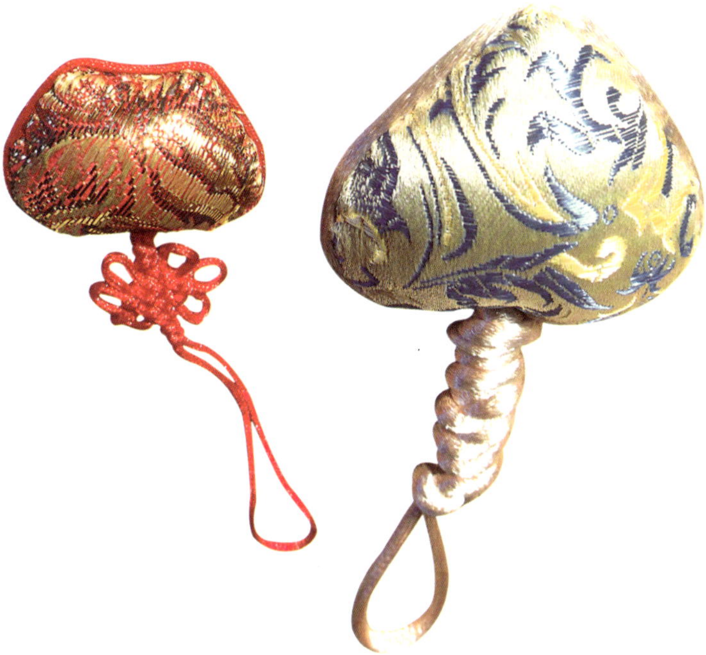

▲ 香囊

二、香炭

功效：吸附污秽，有清洁功效。

成分：主料绿檀、毛竹。唐孟浩然诗云："香炭金炉爇，娇弦玉指清。"香炭素有缓和香气之效，配以多种香药，可达吸附污浊、除湿净气之效。

▲ 香炭

第四节　美容类香品

一、沉香皂

功效：美白祛疹，抗老除皱，活血淡斑。

成分：主料皂角、沉香。沉香《别录》记载："疗风水毒肿，疗恶核毒肿，湿风皮肤痒，去恶气。"

▲ 用不同香药制作的小皂锭

▲ 美白皂

二、美白皂

功效：润肤美白，抗老除皱。

成分：主料白芷、白丁香。芳香走窜，有活血通络和芳香避秽之功，可畅通血脉，活血化淤，散结消肿，增白除皱。本皂豆可去除面部因气血淤滞而致

126

的色斑黑晕，令颜面洁白润滑、光彩照人，且气香味爽，亦可增香宜人。

三、祛湿疹皂

功效：清热，祛湿，止痒活血。

成分：主料皂角、桂枝，有清热解毒、除湿健脾之功效。对婴儿湿疹、属湿热型者亦有效。常见的外用洗剂与散剂均取其燥湿、清热、止痒之性。

四、檀香皂

功效：抗菌，深层护理皮肤，修复老化组织。

成分：主料皂角、檀香。檀木有消炎、抗菌、理气、补身之功效，以内气养外肤，可达到深层护理皮肤的效果。对干性湿疹及老化缺水的皮肤特别有益，可明显改善皮肤发痒、发炎等症状，其抗菌功效更有助于治疗面疱、疖和感染的伤口。

五、香盐

功效：美润肌肤，调节。

成分：原料均为名贵香药及尼泊尔进口的珍贵矿盐，配方要求比例调和，以花露熬制，方能发挥各原料之所长。据世传香方手记记载，香盐浴功效有三：其一，除皮表疹症；其二，皮肤导入药性，调和脏器功能；其三，鼻息香药之芬芳，激发脑神经感应身体各部，使其一同参与体液

▲ 香盐

分泌，增强各器官功能。

六、澡豆

功效：美白、细腻肌肤，改善痤疮、色斑等皮肤问题。

成分：澡豆方以古方"玉容散"和慈禧太后加味香肥皂方为基础加以调整制成，内含白芷、白芨、白术、白茯苓等数十种药材，配合红糖或璧豆粉，或者以其清洗面部，或者将其化开，当作面膜使用，可令肌肤光洁、白净。

注释：

[1][3][5][6]　[明]李时珍：《本草纲目》，人民卫生出版社2005年版。

[2]　陈可冀：《慈禧光绪医方选议》，北京大学医学出版社2011年版。

[4]　[明]缪希雍撰，郑金生校注：《神农本草经疏》，中国古籍出版社2002
　　　年版。

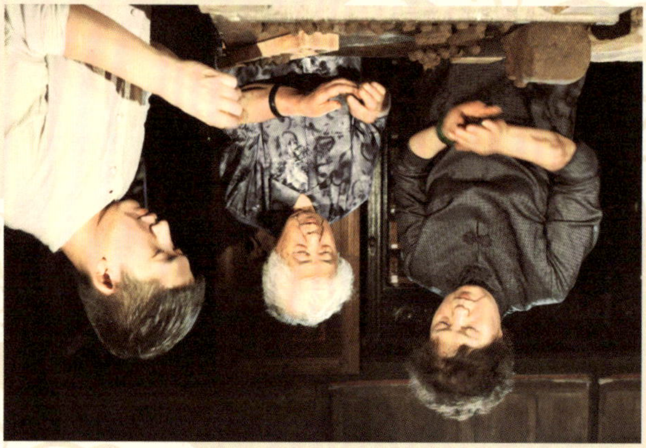

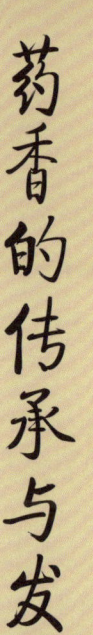

第五章 药香的传承与发展

第一节　药香的传承

第二节　药香的发展

第一节 药香的传承

　　笔者祖上自清中期起即开办药房悬壶济世，家中历代皆有名医闻世。清代宫廷用香，除由御药房和造办处制作外，也向民间采购，特别是到了清晚期，由于国力下降，宫廷往往负担不起太多的制药工艺，很多药品都是向民间采购。所以自清乾隆年间起，家中药房就与同仁堂合作，向清宫贡香，到道光年间以后，更是常年为宫廷供奉各种焚爇药香以及各种制香材料。

▲ 同仁堂收藏的药香

▲ 祖上香厂中制香工作照

一、传承谱系

因家族中素有"男传药方，女传香方"的传统，所以李时亮（"药香制作技艺"市级代表性传承人）的姥姥马桂珍、母亲时雅莉都得以继承药香制作技艺，而李时亮作为家中的独生子，就同时肩负起传承家族药方和香方的重任。

（一）第一代传承人——邢刘氏

目前有据可查的第一代传人是高祖邢俊臣、邢刘氏（夫妇），他们承续祖业，继续开展其家族位于北京崇文区花市北羊市口70号的"中华药栈"的药品、香品炮制和坐堂诊病、药品、药香销售等家业。

（二）第二代传承人——邢淑玉

继承的多种药方确定为国家指定药方，并用铜牌刻方保留至今。药香制作技艺虽保留，但在"文革"时期，药香制作被迫中断，只存下家传香方和制作工艺。

（三）第三代传承人——马桂珍

马桂珍老人遇上了药香事业的低谷时期。在特殊的历史背景下，药香被当作封建迷信残余而受到严重冲击。马桂珍也被迫离开药香事业，进入工厂工作。但为了保护家传的药香制作工具以及宝贵的香方、文献等材料不受到破坏，老人极尽所能将这些东西仔细收藏，从而让这些承载千年技艺的宝贵资料能够在今天得以继续发挥作用，让药香技艺能够流传后世。

尽管马桂珍未能终身以药香为业，但她从来没有离开药香技艺。每到节令交替、时疫流行的季节，马桂珍就率领家人制作药香，免费送给朋友邻居。晚年她更是全力培养外孙李时亮，将当年保存的资料以及自己的经验倾囊以授。

▲ 马桂珍（左）与时雅莉（右）是药香的第三代、第四代传承人

（四）第四代传承人——时雅莉

时雅莉自幼受家庭影响，熟习中医以及药香制作技艺，但因历史原因也未能以药香为业，而是进入了文化单位工作。此时，恰逢传统文化复兴的时代，时雅莉意识到，家传的药香制作技艺正是传统文化的代表，其中蕴含的历史信息以及文化元素极其丰富，面对利好的政策背景，正是发扬家传药香制作技艺的好时机。于是，她一方面鼓励儿子继承药香制作技艺，卖掉家里的房子支持儿子重建药香企业；另一方面积极联系有关单位，将药香推向公众，引起政府和社会各界对药香的重视。从而，让药香不再仅仅是一种家传的手艺，而是赋予了药香更多的文化内涵。

（五）第五代传承人——李时亮

李时亮自幼就对中医及药香有浓厚的兴趣，打小最喜欢的游戏就是帮着姥姥揉香泥、捏香锭。他在母亲引导下两岁背药、六岁背方、十岁识百草，还经常给学校的小朋友们制香配药，素有"小神医"的美称。随着年纪渐长，他除了遍览各种医书药典，更喜欢搜集散落于各种文人笔记以及志怪方书中的香方以及与香有关的奇文典故。因此，尽管他年纪轻轻，但对于药香不仅已熟知其理，甚至有了一番自己的见解，立志把药香当作一生精研的事业，不但要把药香制作工艺传承下去，而且要把真正的好香以及制香、用香的文化推广到全国乃至全世界。

从部队退伍后，李时亮成为一名人民警察，然而稳定的工作和相对不错的收入并没有让他满足，他心心念念的依然是他自幼痴迷的药香。可是在十多年前，药香并不被大众所熟知，把药香当成自己的事业，这在当时看来似乎是不靠谱的事情。但是2003年"非典"来袭，亲朋好友、邻里街坊纷纷来家里要香。当时家里送出的香多达几千斤，这让李时亮看到了药香广阔的群众基础和巨大的市场空间。于是李时亮和家里人提出要成立药香公司，恢复家族的传统制香工艺。可是，以前一直支持他学习中医、研究制香的长辈却一致反对，主要原因还是家里人明白药香是个冷门的行业，担心以此为业会过于艰难。可李时亮也拗起脾气，表示非干这行不可。家里不同意，他就赌气跑到了西藏和尼泊尔、不丹等地去学习各地的制香技艺。这次游学不仅让他将各地的制香工艺融会贯通，而且越发觉得家传药香制作技艺的宝贵，更坚定了他开拓药香事业的决心。回家后，他向父母仔细剖析药香的发展前景，家人终于被他的执着打动，父母毅然卖房给儿子筹措制香的本钱。李时亮的外公还在自己的寿日，把家传的制香秘方传给了他。

虽然得到了家人的支持，但依旧困难重重。首先是产品研发。尽管有了香方，但是古人香方中的记述过于简单，特别是对于药品的炮制工艺、用法用量往往写得含糊不清，李时亮只能一点点地询问家中长辈。长辈记不清的就向各方能者、高人求教，如果还是没有答案，

▲ 李时亮在合香前尝香药

▲ 《瑞丽》杂志对李时亮的报道

就只能自己反复进行试验。为了检验药性，李时亮经常品尝各种香药，其中不乏含有毒性的药物，中毒对于他已习以为常。一次，他为了检验一批药的药性，服用了远远超过安全剂量的药物，尽管之后喝下了事先准备好的用以解毒的黑豆水和蜂蜜水，但可怕的中毒反应依然出现了。他只觉得眼前一片漆黑，四肢绵软无力，勉强扶着墙走到洗手间，关好门蹲下。也不知过了多长时间，他听见门外好像有人在喊他，但觉得声音忽远忽近，想站起来却没有一点力气。后来家里人告诉他，他已经在洗手间待了两个多小时。尽管中毒症状如此可怕，但他依然坚持亲身试药，以保证香品的功效。李时亮也不负众望，从2004年建立乾恒香业集团至今，他始终坚持家传手工古法制香，采用传统炮制手段，使用最地道的香药为原料，已研发出三大类共百余种香品。社会对药香事业的关注也越来越多。

2008年，乾恒产品通过SGS国际认证、国际谱尼测试绿色企业认证。这也是中国传统药香首次经受国际检测机构和现代科学设备的检测。

▲ SGS国际认证

▲ 谱尼国际认证

2009年，"传统药香制作技艺"被列入了北京市级非物质文化遗产名录，李时亮也被评为传统药香制作技艺市级代表性传承人。"非

▲ 传统药香制作技艺列入北京市级非物质文化遗产名录

遗"身份的认定，无疑为传统药香的保护和传承提供了巨大的动力。政府对于传统药香的重视，也为这一宝贵的文化遗产提供了更多展示与交流的机会。此后，李时亮和他的传统药香开始频繁地出现在了公众的视野中。

二、香文化的传承和弘扬
（一）钻研药香　传承香文化

李时亮作为药香制作技艺的代表性传承人，他一直说，继承比发展更为重要。祖先传下的香方、工艺、观念等宝贵财富可谓取之不尽，能够继承这些已经是很了不起的成就了，能够让古人的宝物造福于今人，就是莫大的功德。

他一方面大量搜集古方医术，并从各种文人笔记中查找关于香的点点滴滴，力求让已经湮没在历史中的香文化展现其更为完整的姿态。但目前，香文化在学术界处于比较尴尬的跨界区域，很多研究者的目光并没有投射到对香文化的基础资料的研究上来。可以说，从明代的《香乘》以后，就始终没有一部关于香的总结性著作。面对浩如烟海的书籍，李时亮也常常感到力不从心，常盼望能有一群志同道合的朋友共同整理出一部全面反映古代用香文化的大典。

另一方面，李时亮仍在继续他的药香研发工作。流传下来的古方数以万计，但每一款香方又都包含着深刻的医理药性方面的知识以及古人配香时的心境感悟，所以要想真正制作出一款合乎古意的香品需要深入钻研每个香方背后的道理。另外，由于目前大众对于香有着各种各样的理解偏差，这就让李时亮更迫切地想将真正古代的香品全面加以复原。比如，近年来他热衷钻研的锭子药、澡豆等，都是古人常用，但是现代人又非常陌生的香品。他希望经过自己的努力，让人们了解到香真正的用途和价值。

自从李时亮及其药香被媒体频繁报道后，喜欢药香的人越来

▲ 李时亮钻研药香

▲ 李时亮在越南采香

多，想拜李时亮为师学习药香制作的人更是络绎不绝。李时亮也从来是来者不拒，他很乐意与喜爱药香的人分享他的制香心得。但是，学习药香制作是一件长期而艰苦的事业，首先需要深厚的中医基础，还要有沉于寂寞、甘受清贫的决心。很多来学习药香的朋友只是希望学习药香制作的几种技法，甚至有人只是希望学会制作几款常用药香，作为日后的一种生计。所以至今没有人愿意跟李时亮一起踏踏实实地从中医基础开始，了解药香的始末缘由，这也让李时亮感到很是遗憾。

但是，李时亮仍然愿意利用一切机会向大众讲解药香知识，愿意继续坚守药香事业。他相信，药香理论传播得越广，就越会有更多人能用到好香，也越会有更多的从业者选择与他一起钻研药香工艺，传承中国香文化，把我国这一宝贵的文化遗产发扬光大，造福人民。

第五章

药香的传承与发展

▲ 李时亮燃香 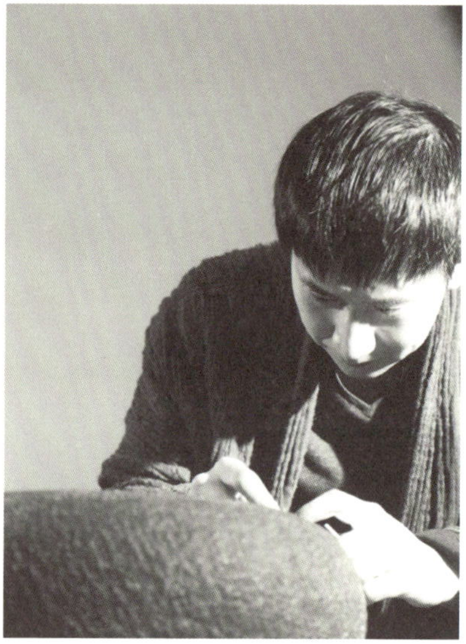　　　　　　　▲ 李时亮制香工作照

▲ 三代药香传承人共同研制香品

141

▲ 李时亮向外国朋友介绍制香技艺

（二）投身公益　弘扬香文化

除了发展自己的药香事业，李时亮更是将"悬壶济世"的祖训牢记在心。除了舍医送药，他亲手制作的香更是经常送人。他常戏称自己卖的香可能还没有送的香多。一般在年终岁初，疾病流行或雾霾严重的时节，李时亮都会组织全公司开展送香活动。2013年年底，北京市出现了非常严重的雾霾天气，于是李时亮发动全家，缝制了两千多粒避瘟丹发放给市民，受到了多方的好评。

▲ 李时亮和母亲时雅莉亲手缝制避瘟丹

▲ 时雅莉向市民赠送避瘟丹

　　传播香文化和药香知识一直是李时亮热衷的事业。所以只要有人请他去讲香，不管听者有多少人，是什么身份，他都会积极参加。

　　给孩子讲药香是李时亮觉得最有意义的事了。李时亮在闲暇时常到广仁书院做义工，带领小朋友焚香静气，诵读诗歌。不仅在淡淡的香气中陶冶了情操还可以学习用香礼仪，让中国传统文化的美妙早早灌输到孩子们的心间。

　　西城区少年宫也请李时亮为孩子们讲药香。尽管孩子们对深奥的药香理论难以理解，但面对袅袅青烟，孩子们听得也颇为入神。也许这短短的几堂课，能让孩子们对于药香有一个直观、感性的认识，在他们幼小的心灵中埋下香文化的种子，在未来，这些种子将孵化成可以让我们的药香文化更为持久广阔的发展力量。

　　随着药香文化的不断推广，李时亮和他的药香也有了更多在电视上露面的机会，而电视媒体的频繁曝光，也为更多的朋友提供了一

北京非物质文化遗产丛书

药香制作技艺

▲ 李时亮在荣宝斋讲授药香文化

▲ 李时亮主持药香讲座

▲ 李时亮为西城区少年宫的孩子们讲药香

个接触药香、了解药香的途径。从2011年起，李时亮先后在中央电视台、北京电视台、宁夏卫视、河南卫视、湖北卫视、河北卫视、旅游卫视等媒体参加过多种节目的录制。不管节目长短，录制有多辛苦，只要能有机会介绍药香，李时亮都会慨然应允。

北京非物质文化遗产丛书

药香制作技艺

▲ 李时亮参加湖南卫视《天天向上》节目

▲ 李时亮参加中央电视台《天涯共此时》节目

第二节　药香的发展

一、发展现状

近年来，随着人民生活水平的提高，人们对生活品质以及精神世界有了更高的要求，香作为一种高端生活方式的符号以及有益于身心的佳品受到了市场的追捧。从香材原料到香制品的贸易额都有了飞速的增长，2013年仅沉香的外贸总额就高达100亿元。香材以及香制品的价格也于近年来飞速飙升。2002年左右，沉香还以千克为单位销售，每克不过几十元，而目前高品质沉香已经飙升至每克6000元左右，极品奇楠香更是升至每克28000元以上。原材料的价格飞涨也带热了整个香品市场，香品成为收藏界的重要成员，更增加了社会对于香制品的需求。传统文化的复兴以及香材原料价格的飙升，让社会上愿意学习、从事这一行业的人不断增多，特别是关于药香的概念，了解和愿意使用这种概念的人也越来越多。同时，政府对于这一行业的扶持力度也在不断提升，媒体对于香文化的知识普及也作出了很大的贡献，这都是非常令人欣喜的现象。

2009年5月，第五届中国（深圳）国际文化产业博览交易会在深圳举办。李时亮受邀参会，并现场展示了中国传统的香道艺术。缥缈的烟、沁心的香、古朴的意境，吸引了大批的中外观众。受到香道艺术的感染，即便是在嘈杂的展馆里，所有人却都随着李时亮的表演一起入静。不仅让外国观众啧啧称奇，更让国内参观者感叹终于见识了只在书中看到过的传统文化精髓。这次是自中华人民共和国成立以来，香道表演首次面向全国展示。

2009年10月13日，李时亮随时任国家副主席的习近平率领的中国代表团出访德国，参加法兰克福书展中国主宾国活动。本届书展共有来自中国、德国以及各国出版、文化等各界人士约2000人出席。中国受邀作为主宾国，开展了极富中国特色的各项活动。在本届书展上，多位不同国家的使馆工作人员特意来到李时亮的展位，请教有关药香及中国传统文化方面的问题。

芬兰大使因为肩颈疼痛，找到李时亮，希望能尝试一下中医的治疗。李时亮很快就用针灸和中医推拿法缓解了大使的病痛。芬兰大使在病痛缓解后激动不已，当场为李时亮写下祝词。

▲ 李时亮为芬兰大使推拿

2010年2月，北京市文化局举办了"北京市非物质文化遗产传统技艺展"。在本次非物质文化遗产春节展会中，李时亮带着传统药香惊艳亮相，被首都各界媒体誉为"最香"的先生。同时也借助较平日多出数倍的观众之力，李时亮达成了让中国药香文化得到更广泛传扬的心愿。

▲ 李时亮接受中央电视台新闻频道的采访

2010年10月，"联合国教科文组织第二届民间艺术国际组织（IOV）世界青年大会"在南京举办，来自40多个国家和地区的300名参会代表围绕"青年在城乡非物质文化遗产保护中的作用"这一主题，举办了一届讨论城市化建设和传统文化关系的论坛。

李时亮携中国传统药香出席并在会上代表北京青年发表讲话，向与会的世界各国青年展示了中国传统药香的博大精深，引起热烈反响。大会组委会特意向李时亮颁发了"优秀青年传承人大奖"和"世界青年眼中的'最美中国手工艺'大奖"。组委会的三位主席对李时亮给予了极高的评价，称其为当代妙手，赋予了药香生命力。

▲ 联合国教科文组织颁发的
"优秀青年传承人大奖"

▲ 联合国教科文组织颁发的
"世界青年眼中的'最美中国手工艺'大奖"

北京非物质文化遗产丛书

药香制作技艺

▲ 李时亮与大会三位主席合影

乾恒药香在"联合国教科文组织第二届民间艺术国际组织（IOV）世界青年大会"上被指定为专用香品。

随着政府对于药香制作技艺宣传力度的不断增大，药香产品也有了更好的市场表现。2011年6月，首届北京非物质文化遗产代表性传承人作品拍卖会拍品火爆落槌。拍卖会的第一个高潮便是由李时亮制作的传统药香"七日香"带来的。以3900元起价的"七日香"引来多

▲ 药香产品参加拍卖会

150

位竞拍者，场上的竞价牌此起彼伏，拍卖师忙着不断地更新报价，最后这件拍品以6万元的高价成交，是起拍价的15倍。拍走"七日香"的是来自山东临沂的张先生，他认为"传统技艺制作的'七日香'在市场上比较少见，这种拍卖会又肯定不会有假的"。而且，"这些大师的非遗精品就是将来的文物"。

2012年2月5日，文化部等十六部委共同举办的"中国非物质文化遗产生产性保护成果大展"在北京全国农业展览馆新馆开幕。李时亮受邀参加了本次大展，并在现场将中国传统药香的制作技艺及传统的文人香道向观众作了精彩展示。手工制香流程的精密与繁复吸引了许多人的眼球，演示的过程中赞叹声与掌声不断。中国新闻网、北京电视台、《北京日报》等多家媒体对此作了详尽的报道。

▲ 李时亮接受北京电视台采访

李时亮与多位"非遗"代表性传承人在现场接受了《北京故事广播》栏目的采访，向广大听众朋友介绍传统药香知识，传播中国传统用香文化。

为表彰李时亮对传承传统宫廷药香制作技艺所做出的不懈努力及其为繁荣文化事业作出的突出贡献，在本届"中国非物质文化遗产生产性保护成果大展"上，主办单位之一的文化部特意向李时亮颁发了证书，以表示对他的努力及其所取得成就的肯定。

▲ 参展证书

北京市文化局、台北市文化局、北京非物质文化遗产保护中心等多家单位在中国台湾举办了"2012年两岸城市文化互访系列——北京文化周""燕京绝技——北京非物质文化遗产展"。展览共汇集了包括"燕京八绝"在内的国家级、市级25项"非遗"项目，并组织14位代表性传承人进行现场技艺展示。李时亮随北京市市长郭金龙率领的代表团赴台参加。宣传部领导得知李时亮带着家传手工药香参展，特意登门请李时亮治疗困扰他多年的颈椎病，并在治疗后对李时亮的医术大加赞扬，感谢李时亮把传统药香的美妙带到了现代人的身边。

展会期间，李时亮受台湾香界文化大师邀请，共同交流探讨海峡两岸香界传统技艺，并为华人区主席义诊，大获赞扬。由台湾东盟食品化妆品品质认证协会主办，台湾化妆品协会向李时亮颁发"传统纯天然草本植物制作品质认证奖证书"，以表示对李时亮传统制香技艺的肯定；台湾化妆品协会特向李时亮颁发"海峡两岸文化交流传统汉方研发成就奖"，以表彰李时亮在两岸香文化交流中作出的突出贡献。台湾汉方董事长刘继春更是称赞李时亮"把中国的香文化秉承到了极致，中华民族的传统文化能得到这么好的传承实是难得之举，可谓是后无来者"。

▲ 传统纯天然草本植物制作
品质认证奖证书

▲ 海峡两岸文化交流传统汉
方研发成就奖

▲ 李时亮与台湾汉方董事长刘继春合影

　　期间，李时亮特意拜会了台湾制香传承人叶先生，共同探讨两岸香品的不同之处、交流学习。他借这次赴台展览的机会，还拜访了台北一位老制香师傅，与其探讨中国传统制香工艺。在老师傅的工作室里，李时亮挽起袖子，跟着老师傅一起制作台湾风行的签香。李时亮发现，香席目前在海峡两岸均有传承，并且均呈现出越来越受欢迎的趋势，他希望两岸香界人士可以就此开展更多合作。此外，李时亮还

专程拜会了台湾老明喻制香传承人。李时亮特意来到老明喻传承人的工作地点，与其交流两岸香文化的传承与发展，并对两岸制香技艺的不同进行了简单的切磋。

▲ 李时亮向台湾制香师傅学习

2012年2月22日，李时亮来到台湾某大学校园，为学校师生讲解中国传统药香文化，深受同学欢迎。学生们认为药香文化作为中国传统文化的一个分支，同样博大精深，是中华民族不可多得的宝物。他们感谢李时亮不远万里将药香文化带入台湾的校园，对两岸文化交流作出了杰出的贡献。

2012年6月9日是全国第七个文化遗产日。当天，北京市非物质文化遗产保护工作会在国家博物馆召开。李时亮携祖传的手工制香出席了本次展览。在展会上，李时亮用精湛的技艺，向观众诠释了中国传统香席表演的最高境界。李时亮祖上就曾与同仁堂合作，为其供应成药与药材。在本次北京非物质文化遗产展上，同仁堂的老"药星"芦

▲ 李时亮在展会上演示香席艺术

▲ 李时亮与嘉宾合影

广荣老师与李时亮谈到了早年乾恒药香与同仁堂的合作，还说起现在同仁堂博物馆中仍收藏着乾恒药香在清光绪年间制作的药香，她不禁感叹历史沿革给彼此带来的改变与发展，并期望能再次合作。

▲ 李时亮与同仁堂老"药星"芦广荣女士合影

二、发展困境

虽然目前传统药香乃至整个香行业发展态势良好，但还是存在一些比较严峻的问题。

第一，对于香文化的研究还没有实现理论化与学科化，相关理论与实践经验也没有得到相互印证。

药香不仅是一种经济产品，更是一种文化现象。它与我国传统文化中的多个门类，如中医药学、文学、艺术学等息息相关，其中凝聚了中华民族独特的精神气质、民族传统、美学观念、价值观念、思维模式和世界观。所以，如果将香制品与其蕴含的文化精神和历史传统割裂开，将难以保证该行业以及药香本身的持久健康发展，更不利于香文化的继承和弘扬。但是，时至今日，中国香文化还没有实现学科化和理论化。尽管在香文化涉及的历史学、文献学、文学、艺术等多个领域，有很多学者的研究都涉及香文化的知识，但香还没有成为一门独立的学科，也缺乏理论层面对于香文化全面系统的研究。并且，相关专业的学者极少关心药香的制作过程与相关工艺，而作为制作药香的人，其研究还多只停留在技艺、配方的实践经验上。理论与实践始终难以真正的融合。

第二，当前很多错误的用香方法及理论仍在不断传播。

随着中国传统文化的复兴，喜爱并愿意研究、学习香文化，体验香艺的人越来越多。但由于香文化还没有实现学术化，又缺乏专业机构的引导，很多企业和个人本想学习真正的中国传统香文化，却接触到很多与我国传统香文化无关，甚至有误的知识。这反而对我国香文化乃至传统文化的发展造成了伤害。比如目前常见的所谓"香道"表演，大体是从日本传出，流入我国台湾地区后加以改造，再传入大陆地区的一种用香表演形式，但却被冠以我国传统香道的名义而四处传播，影响了我国真正香艺文化的继承和发展。

第三，缺乏行业内统一的规范标准，药香的市场化道路非常困难。

由于药香的概念始终比较模糊，也没有相对权威的理论指导，所以各种制香企业将药香作为一种可以炒作的概念加以利用，反而压缩了药香的市场空间。同时香材原料种类庞杂，药香生产环节多，生产方式多样，不同种类的香材和香制品需要不同的标准规范。目前业内没有一个统一认可的规范标准，产品质量也无从谈起，导致以次充好、以假当真、夸大宣传、盗用概念等现象大量存在，而有关部门也很难找到有效的管理标准作为依据，以维护香业市场的健康运营。

▲ 李时亮与"非遗"代表性项目古琴艺术的传承人王鹏探讨香席艺术

三、发展方略

发展药香要从文化和产业两方面同时入手。

一方面，药香需要更有力的理论支撑，需要有专门、专科的研究方向。只有在理论上取得了突破，药香市场才能在其指导下得到健康有序的发展，药香也才能站在一个更高的平台，让国内更多的人理解和接近药香。同时，也能系统化地向国际推行我们的传统香文化和香制品，提升中国香品在世界上的影响力，从而增强中国的文化软实力。

另一方面，需要对香制品市场做出规范，特别是制定一个标准，什么样的香可以算作药香，什么样的香是对人有益的香。只有明确了这些，才能让全社会喜爱香文化，让愿意用药香的朋友用到真正的好香。

▲ 李时亮随北京电视台主持人阿龙（右）拜望启骧先生（中）

尽管我国有着悠久的用香历史，但经过文化断代期以后，我国的药香无论从文化研究还是市场开发来看，还都处于起步阶段。这就注定了要面对诸多的问题与考验。然而，我们相信，药香是具有强大生命力和富有正气的传统文化精华，只要我们锐意进取，认真传承，努力开拓，药香必将以超乎想象的方式回报我们这个欣欣向荣的社会。

[宋]陈敬：《陈氏香谱》，台湾商务印书馆1983年版。

[宋]陈敬著，严小青编著：《新纂香谱》，中华书局2012年版。

陈可冀：《清宫医案集成》，科学出版社2009年版。

[唐]道世：《法苑珠林》，上海古籍出版社1991年版。

《道藏》，上海书店1988年版。

[唐]杜佑：《通典》，中华书局1988年版。

[宋]范晔撰，[唐]李贤等注：《后汉书》，中华书局2000年版。

方向东：《大戴礼记汇校集解》，中华书局2008年版。

[清]方玉润撰，李先耕注解：《诗经原始》，中华书局1986年版。

[唐]房玄龄等：《晋书》，中华书局1996年版。

[明]高濂、王大淳：《遵生八笺》，人民卫生出版社2007年版。

[晋]葛洪著，王均宁译：《肘后备急方》，天津科学技术出版社2011年版。

[晋]葛洪撰，周天游校注：《西京杂记》，三秦出版社2006年版。

[清]顾观光：《神农本草经》，哈尔滨出版社2007年版。

[清]顾世澄：《疡医大全》，人民卫生出版社1987年版。

[晋]郭璞：《山海经注》，京华出版社2000年版。

[汉]郭子横著，仙谷子译：《洞冥记》，中州古籍出版社1994年版。

河清谷：《三辅黄图校释》，中华书局2012年版。

[宋]洪兴祖著，白化文等点校：《楚辞补注》，中华书局1983年版。

胡道静：《梦溪笔谈校正》，上海人民出版社2011年版。

吉联抗：《琴操（两种）》，人民音乐出版社1990年版。

冀昀主编：《尚书》，线装书局2007年版。

赖永海、杨维中译注：《佛教十三经：楞严经》，中华书局2010年版。

[宋]李昉等：《太平广记》，中华书局2013年版。

[宋]李昉等：《太平御览》，中华书局2000年版。

[明]李时珍：《本草纲目》，人民卫生出版社2005年版。

[宋]刘颁：《中华再造善本·汉官仪》，北京图书馆出版社2003年版。

[后晋] 刘昫等：《旧唐书》，中华书局1975年版。

[南朝宋]刘义庆著，里望译注：《世说新语》，山西古籍出版社2004年版。

卢弼：《三国志集解》，中华书局1982年版。

[南宋]陆游：《老学庵笔记》，中华书局1979年版。

罗争鸣：《杜光庭记传十种辑校》，中华书局2013年版。

[宋]孟元老：《东京梦华录》，中州古籍出版社2010年版。

[明]缪希雍撰，郑金生校注：《神农本草经疏》，中国古籍出版社2002年版。

[梁]任昉、[宋]刘义庆、[梁]刘孝标：《钦定四库全书荟

要：述异记·世说新语》，吉林出版集团有限责任公司
2005年版。

[宋]沈括、苏轼：《苏沈良方》，上海科学技术出版社
2003年版。

盛增秀：《医方类聚》，人民卫生出版社2006年版。

[清]孙希旦撰，沈啸寰、王星贤点校：《礼记集解》，
中华书局1989年版。

[清]孙诒让：《周礼正义》，中华书局1987年版。

唐圭璋：《全宋词》，中华书局1965年版。

[元]脱脱等：《宋史》，中华书局1985年版。

[晋]王嘉：《拾遗记》，上海古籍出版社2012年版。

王明：《抱朴子内篇校释》，中华书局1985年版。

[清]王先谦：《荀子集解》，中华书局1988年版。

魏炯若：《离骚发微》，四川人民出版社1980年版。

[明]文震亨、屠隆：《中国艺术文献丛刊:长物志·考槃
余事》，浙江人民美术出版社2011年版。

[清]吴尚先著，孙洪生译：《理瀹骈文》，中国医药科
技出版社2011年版。

[晋]习凿齿：《襄阳耆旧记校注》，荆楚出版社1986年
版。

萧涤非：《汉魏六朝乐府文学史》，人民文学出版社
1984年版。

徐时仪：《一切经音义三种校本合刊》，上海古籍出版
社2008年版。

[东汉]许慎撰，[清]段玉裁注：《说文解字注》，上海古
籍出版社1988年版。

[唐]玄奘、辩机著，季羡林等校注：《大唐西域记校

注》，中华书局2000年版。

[宋]严用和：《济生方》，人民电子军医出版社2011年版。

[南北朝]颜之推著，易孟醇、夏光弘译注：《颜氏家训》，岳麓书社1999年版。

[民国]杨绍伊辑复，陈居伟、郭玉品校注：《汤液经钩考》，学苑出版社2012年版。

杨天才、张善文译注：《周易》中华书局2011年版。

姚春鹏译注：《黄帝内经》，中华书局2009年版。

[宋]叶廷珪：《海录碎事》，中华书局2002年版。

[唐]元稹：《元稹集》，山西古籍出版社2005年版。

[明]张景岳：《景岳全书》，山西科学技术出版社2006年版。

[清]张璐：《本经逢原》，中国中医药出版社1996年版。

张山雷：《本草正义》，福建科学技术出版社2006年版。

[汉]张仲景：《伤寒论》，人民卫生出版社2005年版。

[金]张子和：《儒门事亲》，人民卫生出版社 2005年版。

[日]真人元开著，汪向荣校注：《唐大和上东征传》，中华书局1979年版。

[汉]郑玄注， [唐]贾公彦疏，王辉点校：《仪礼注疏》，上海古籍出版社2008年版。

[明]周嘉胄著，日月洲注：《香乘》，九州出版社2014年版。

周祖谟：《广韵校本》，中华书局2011年版。

[宋]朱熹：《四书章句集注》，中华书局1983年版。

后记

本书作为一部讲述药香的专著，具有一定的文化价值和可读性。本书就药香的概念作出了比较系统、完整的论述，对药香的历史和文化背景也进行了比较详尽的说明，特别是对药香制作的很多关键步骤和工艺都作了阐述，要知道以前都是作为不传之秘的。其实，好的技艺从来不怕让更多的人知道，既然是祖先的智慧，作为传承人就有责任将其传播出去，让更多的人与我们一起研究，才能让优秀的香文化得以发扬光大。只担心自己年轻，所学尚浅，贸然编纂此书，有卖弄之嫌，也怕所学不精，贻笑大方，大家不妨将此书当作抛砖引玉之举。若有疏漏，还望各位学者通人不吝赐教。

国家政策的指引、各级政府的努力推举，以及各位领导辛苦周到的工作，为药香的传承提供了好的平台和巨大的动力，药香才有今天的影响力和广阔的发展前景。面对当今的大好形势，我们应该把握机会，在文化大发展、大繁荣的时代，让传统技艺复兴并让其造福社会。在此感谢北京市文化局北京非物质文化遗产保护中心给予的出版机会。

本书成书之时，颇为仓促，很多重要问题没有来得及深入阐述，一些图片也因时间原因没有完成，我们为此感到有些遗憾。

最后，还要感谢为此书出版辛苦工作的北京出版集团的同志们。

时雅莉